POLIZEIFAHRZEUGE

AUS DEUTSCHLAND UND EUROPA

Manfred Peter

POLIZEIFAHRZEUGE

AUS DEUTSCHLAND UND EUROPA

HEEL

IMPRESSUM

HEEL Verlag GmbH
Gut Pottscheidt
53639 Königswinter
Telefon: (0 22 23) 92 30-0
Telefax: (0 22 23) 92 30 26
e-Mail: info@heel-verlag.de
Internet: www.heel-verlag.de

Verantwortlich für den Inhalt:
Manfred Peter

Fotos:
Archiv des Autors

Gestaltung und Satz:
Stefan Witterhold, Heel Verlag

Lithographie:
Petra Hammermann/Andrea Lacey,
Collibri Königswinter

Druck:
Industrias Graficas Marmol, Spanien

Printed and bound in Spain

ISBN 3-89880-159-4

Inhalt

Dieses Buch ist allen Polizeibeamten der Europäischen Union gewidmet, die für uns alle täglich ihre Gesundheit und ihr Leben zum Schutz von Ruhe, Ordnung und Sicherheit aufs Spiel setzen.

Manfred Peter, Wien

Einleitung

Die Europäische Union hat auf jeden Bürger des Gemeinschaftsgebiets eine mehr oder weniger starke Auswirkung. Immer mehr Bereiche werden durch Verordnungen, Richtlinien und Entscheidungen der europäischen Organe direkt oder indirekt beeinflusst. Das so genannte Dreisäulenmodell der Europäischen Union regelt die komplexen Zusammenhänge dieses Organisationsgebildes. In der ersten Säule finden sich die Angelegenheiten, für die die Gemeinschaft alleine zuständig ist. Kernpunkt der zweiten ist die GASP, die gemeinsame Außen- und Sicherheitspolitik. Die dritte Säule wird durch die verstärkte Zusammenarbeit in Angelegenheiten der Polizei- und Justizbehörden gekennzeichnet. Gerade die Kompetenzen der Sicherheits- und Justizbehörden sind ein Zeichen nationaler Souveränität und so ist es auch nicht verwunderlich, wenn hier – zumindest vorerst – lediglich eine Zusammenarbeit angestrebt wird. Kein Mitgliedsstaat der EU ist

Modernes Design für die niederländische Polizei.

Ein Luxemburger Polizist vor seiner Arbeitsstelle.

gerne bereit, seine Kompetenzen, also Souveränitätsrechte, an eine übergeordnete Stelle zu übertragen. Die fortschreitende Integration innerhalb der EU am Beispiel des Binnenmarkts und der damit verbundenen vier Freiheiten machten jedoch eine verstärkte Zusammenarbeit, auch auf dem Sektor der Polizei- und Justizbehörden, notwendig. Stellvertretend seien hier Europol und das Schengener Abkommen genannt. Dennoch sind die nationalen Polizeiorganisationen nach wie vor eigenständig, weshalb auf diesem Gebiet – noch – eine gewisse Vielfalt herrscht, vor allem was die Organisationsformen, Zuständigkeiten und auch die Ausstattungen mit Fahrzeugen und Gerätschaften anbelangt.

Diese Vielfalt ist Gegenstand des Buchs. Natürlich kann dieses Buch keinen Anspruch auf Vollständigkeit erheben. Zu groß ist die Zahl von diversen Stadt-, Gemeinde- und lokaler Polizeien. Man denke hier nur an die große Zahl verschiedener Polizeibehörden in Spanien, Frankreich und Italien. Vielmehr soll dem interessierten Leser ein Überblick über die nationalen Polizeiorganisationen und deren gegenwärtige Fahrzeugausstattung gegeben werden. Da die EU am Vorabend ihrer Erweiterung nach Ost- und Südosteuropa steht, werden am Ende dieses Buchs auch noch ein Blick über die Außengrenzen der Gemeinschaft unternommen und einige Fahrzeuge der vielleicht zukünftigen Mitgliedsländer gezeigt.

Polizei, Police, Gendarmerie, Vigili, Maréchaussée...

Eine Aufgabe und verschiedene Namen für die durchführende Organisation. Woher kommen die einzelnen Begriffe? Polizei stammt vom griechischen „politeia", was soviel wie Bürgerrecht, Staatsverfassung oder Verwaltung be-

Eine Flotte neuer Mercedes-Benz C-Klasse wartet auf die Übergabe.

VW Transporter als Unfallaufnahmewagen der österreichischen Gendarmerie.

deutet. Daraus wurde das lateinische „politia", was bis heute als Bezeichnung für die Sicherheitskräfte verwendet wird. In den meisten osteuropäischen Staaten wurde nach damaligem sowjetischen Vorbild bis zu Beginn der 90er-Jahre die Bezeichnung „Miliz" für die Polizei verwendet. In Italien hat sich für die Stadtpolizeien, die ja nur eine beschränkte Kompetenz besitzen, auch noch der Begriff der „Vigili", also Wächter, gehalten. Entsprechend heißt die Feuerwehr „Vigili del fuoco" – „Feuerwächter". Der Name Gendarmerie stammt aus dem französischen „gens d'armes", „bewaffnete Männer". Die erste derartige Einheit wurde 1609 als eine Art Leibgarde Heinrichs des IV. aufgestellt. Die wirkliche Ordnungsmacht war aber die 1536 aufgestellte Maréchaussée (frei übersetzt: „Straßenwächter"). Sie hatte die Aufgabe der Verfolgung von Straftätern, unabhängig davon, ob sie Zivilisten oder Soldaten waren. 1791 erfolgte eine Neuorganisation der Maréchaussée als Gendarmerie Nationale, die sich im Laufe der Zeit von einer Militärpolizei zu einer zivilen Polizeitruppe entwickelte. Ein militärisches Zeichen ist der Gendarmerie aber in vielen Ländern geblieben, nämlich das Korpsabzeichen, die flammende Granate. Dieses Abzeichen wird z.B. von den italienischen Carabinieri und den Gendarmerien von Belgien, Frankreich und Österreich auch heute noch getragen. Egal, wie die Organisationen nun bezeichnet werden, die Wahrung der Sicherheit ist das primäre Ziel aller Polizeiorganisationen. Sie helfen mit, die Verwirklichung des in den EU-Verträgen genannten Raums für Freiheit, Demokratie, Achtung der Menschenrechte und Grundfreiheiten sowie der Rechtsstaatlichkeit zu ermöglichen.

Europol

Ziel des europäischen Polizeiamts Europol ist das Verhüten und Bekämpfen von illegalem Drogenhandel, Schlepperkriminalität, Kraftfahrzeugverschiebung, Menschenhandel, Kinderpornografie, Geldfälschung, illegalem Handel mit radioaktiven Substanzen, Terroris-

Ford Mondeo der dänischen Polizei im Wintereinsatz.

mus, Geldwäsche und organisierter Kriminalität. Europol wurde 1992 im Vertrag von Maastricht beschlossen. Ihre volle Tätigkeit nahm die Behörde schließlich am 1. Juli 1999 an ihrem Sitz in Den Haag (Niederlande) auf. Der Nutzen der einzelnen Mitgliedsstaaten von Europol liegt im Bündeln und Austauschen von Informationen, Expertenanalysen und in vernetzten technischen Hilfsmitteln. In Zukunft soll Europol auch eine operative Rolle in der Verbrechensbekämpfung übernehmen. Bis dahin werden freilich noch gewaltige Anstrengungen nötig sein, da es hier ganz klar um das Abtreten bestimmter Bereiche einzelstaatlicher Souveränität geht.

Schengener Abkommen

Das Schengener Abkommen sieht den Wegfall der Binnengrenzen der einzelnen Vertragsstaaten untereinander vor und ist somit Bestandteil fortschreitender Integration. Durch den Wegfall der Binnengrenzen wurde eine so genannte Außengrenze geschaffen, für die jeweils die gleichen Grenzübertritts-Bestimmungen gelten, um so ein einheitliches Umsetzen des Abkommens zu gewährleisten. Um Polizei-, Zoll- und Justizbehörden zu koordinieren, wurde das „Schengener Informationssystem" SIS geschaffen, ein komplexes System zum schnellen und effizienten Austausch personen- und gegenstandsbezogener Daten. Die nun fehlenden Kontrollen an den Binnengrenzen sorgten für neue Polizeitaktiken wie etwa die Schleierfahndung. Dabei wird nicht mehr an der Grenze direkt, sondern stichprobenartig im Landesinneren kontrolliert. Nach wie vor ist auch für den Aufenthalt im EU-Ausland – wie im Inland auch – ein Personalausweis oder Reisepass mitzuführen.

Opel Vectra der ersten europäischen grenzüberschreitenden Polizeiwache.

(A) Österreich

Hauptstadt:	**Wien**
Fläche:	**83.858 km²**
Einwohner:	**8.090.000**
Staatsform:	**Parlamentarische Republik**
Sprache(n):	**Deutsch (Amtssprache), Kroatisch, Slowenisch**

In Österreich gibt es drei verschiedene Polizeiorganisationsformen, nämlich die Bundespolizei, die Bundesgendarmerie und die Gemeindepolizei. Von landesweiter Bedeutung sind die Gendarmerie und die Polizei. Die eigentliche Sicherheitspolizei untersteht dem Bundesminister für Inneres. In den neun Bundesländern sind jeweils Sicherheitsdirektionen als Bundesbehörden eingerichtet. Polizisten und Gendarmen sind immer

VW Transporter 4 WD Synchro; Unfallaufnahmewagen, BPD Villach, Kärnten (1995).

VW Sharan CL; Verkehrsabteilung St. Pölten, Niederösterreich (2000).

Bundesbedienstete, auch wenn sie fallweise von den Ländern bzw. Landesbehörden (Bezirkshauptmannschaften und Magistrate) Einsatzaufträge erhalten. Die Befehlsgewalt liegt alleine bei der im Innenministerium eingerichteten Generaldirektion für die öffentliche Sicherheit. Diese Organisationsstruktur lässt sich nur historisch erklären. Durch die instabile Lage in der Zeit zwischen den beiden Weltkriegen wollte der Bund durch die Konzentration der Kommandogewalt einen Einfluss der Länder auf die Sicherheitskräfte nachhaltig verhindern. Obwohl diese Gefahr heute kaum mehr besteht, wurden nach 1945 bis heute keine tiefgreifenden Änderungen dieser Strukturen unternommen.

Bundesgendarmerie

Die Anfänge der Gendarmerie gehen auf das Jahr 1849 zurück. Nach der Revolution 1848 war eine innere Reform des Staates dringend notwendig geworden. Zur Wahrung der öffentlichen Sicherheit wurde die Gendarmerie geschaffen. Die Unterstellungsverhältnisse der Gendarmerie waren komplex. Dem Innenministerium war sie hinsichtlich der sicherheitsdienstlichen Aufgaben unterstellt, ansonsten dem Kriegsministerium. Als 1870 die Polizeiagenden an das Innenministerium fielen, blieb die Gendarmerie weiterhin (bis 1918) dem Verteidigungsministerium unterstellt, wobei sie jedoch 1876 aus dem Verband des stehenden Heeres ausgegliedert worden ist. 1918 wurde Österreich zur Republik und die Gendarmerie wurde nun endgültig als zivile Wache etabliert und dem Innenministerium unterstellt, obwohl die Gendarmerie auch bei der österreichischen Grenzsicherung militärisch eingesetzt wurde („Kärntner Abwehrkampf" und „Landnahme des Burgenlands"). Mit dem Anschluss Österreichs an das Dritte Reich wurde die Gendarmerie in die

Steyr PANDUR 6x6; gepanzertes Sonderfahrzeug zur Sicherung des Flughafens Wien, BPD Schwechat, Niederösterreich (2000).

Toyota Land Cruiser; BPD Schwechat; geländegängiges Streifenfahrzeug (2000).

deutsche Polizei eingegliedert. Während der Besetzung durch die vier Alliierten von 1945 bis 1955 war die Gendarmerie in ihrem Wirkungsbereich, insbesondere in der sowjetischen Besatzungszone, stark eingeschränkt. 1951 wurde die „B-Gendarmerie" (Bereitschaftsgendarmerie) ins Leben gerufen, die spätere Kadertruppe für das Bundesheer. Heute ist die Gendarmerie in der Generaldirektion für die öffentliche Sicherheit im Innenministerium eingebettet. Die Zentralstelle ist das Gendarmeriezentralkommando mit seinen nachgeordneten Stellen wie die Zentralschule, dem Gendarmerieeinsatzkommando und den acht Landesgendarmeriekommandos (jedes Bundesland, ausgenommen Wien). Als nachgelagerte Dienststellen kommen dann die Bezirksgendarmeriekommandos und Gendarmeriepostenkommandos, von wo aus die eigentliche operative Tätigkeit erfolgt. Die Gendarmerie verfügt über eine Reihe von Spezialeinheiten wie EE (Einsatzeinheiten), Alpindienst, Grenzgendarmerie, Strahlenspürtrupps, Grenzüberwachungsposten, Verkehrsabteilungen und nicht zu vergessen, das GEK, Gendarmerieeinsatzkommando „Cobra", in das bedingt durch eine Neustrukturierung der Sondereinheiten der österreichischen Polizei ab Mitte 2002 die Sondereinsatzgruppen (SEG) der Gendarmerie und die Mobilen Einsatzkommandos (MEK) der Bundespolizeidirektionen eingegliedert wurden. Das GEK ist für das gesamte Bundesgebiet – bis auf Wien, wo es eine eigene Abteilung, die WEGA – Wiener Einsatzgruppe Alarmabteilung – gibt, für

Opel Omega II 2.0 i; Streifenwagen der Verkehrsabteilung, BPD Wels, Oberösterreich (1997).

Ford Transit Turbo D; Kommandofahrzeug der BPD Wien (1997).

Mercedes-Benz 0 404; Großraumomnibus des BPD Wien (1999).

VW New Beetle; Streifenfahrzeug der BPD Wien Verkehrsabteilung (1999).

Mercedes-Benz E 200; Streifenfahrzeug der BPD Wien Verkehrsabteilung (2000).

BMW K 1100 LT; Motorrad der BPD Wien Verkehrsabteilung (1994).

Ab 2003 werden die Fahrzeuge der BPDs mit rotem Umlaufstreifen ausgeliefert, so wie auf diesem Citroën Xsara der BPD Wien zu sehen ist.

Honda Varadero XL 100 V; neue Motorräder für die Wiener Verkehrsabteilung (2000).

BMW K 1100; BMW-Motorräder werden ebenfalls in großer Zahl verwendet (1999).

Steyr 690; ehemalige Rüstlöschfahrzeuge der BF Wien wurden zu Wasserwerfern für die Alarmabteilung (WEGA) umgebaut (1994).

Opel Monterey 3.5 V 6; Streifenkraftwagen der BPD Wien – Alarmabteilung (1999).

VW Passat TDI 4Motion; Standardstreifenfahrzeug der WEGA in Wien (2000).

Steyr Puch 300 GE; Streifenkraftwagen der Alarmabteilung der BPD Wien (1994).

VW Transporter T 4 Synchro; Arrestantenwagen der Grenzgendarmerie im Burgenland (1997).

Fort Transit; Diensthundetransporter, Gendarmerie Kärnten (1999).

Opel Astra DL 16 V; eines der Standardfahrzeuge der Gendarmerie, Niederösterreich (1999).

Fort Transit; ebenfalls eines der Standardfahrzeuge der Gendarmerie (1997).

Opel Omega B 2.5 V6; derartige Fahrzeuge werden meist auf Autobahnen eingesetzt (1996).

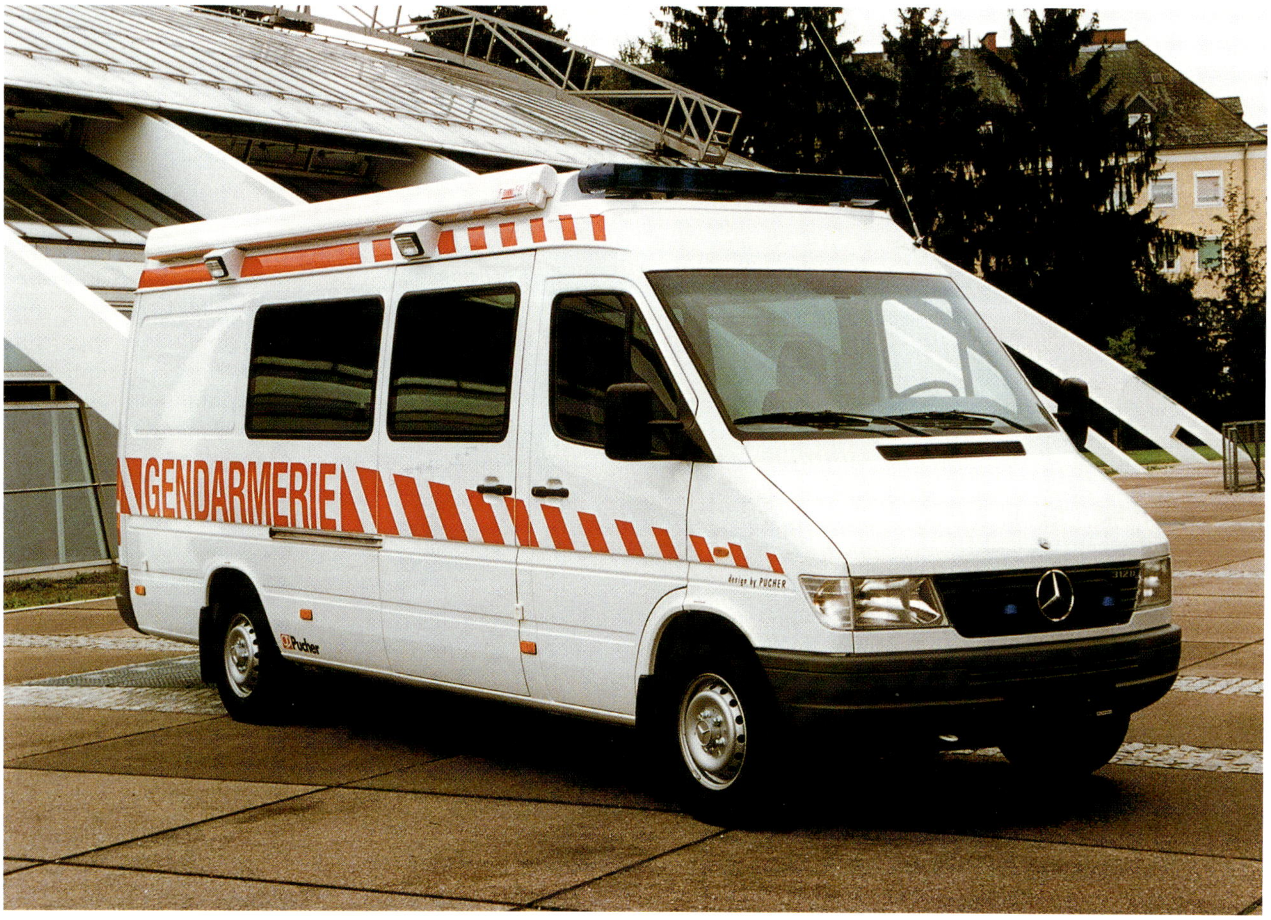

Mercedes-Benz 312 D Sprinter; Gefahrengutkontrollfahrzeug der Verkehrsabteilung Oberösterreich (2000).

VW Golf II CL; dieses Fahrzeug diente noch im April 2000 als Reservefahrzeug in Obertauern (Salzburg).

Mitsubishi L 300 2.5 D GLX; kleineres Streifenfahrzeug in der Steiermark (1996).

Mitsubishi Pajero GLX; in Österreich gehören geländegängige Fahrzeuge zur Standardausstattung der Gendarmerie (1995).

Honda Pan European ST 1100; solche Motorräder wurden u.a. der Verkehrsabteilung für Tirol zugeteilt (2000).

Solche Opel Frontera DTI 16V 4x4 LTD werden gerne von den alpinen Einsatzgruppen genutzt (2002).

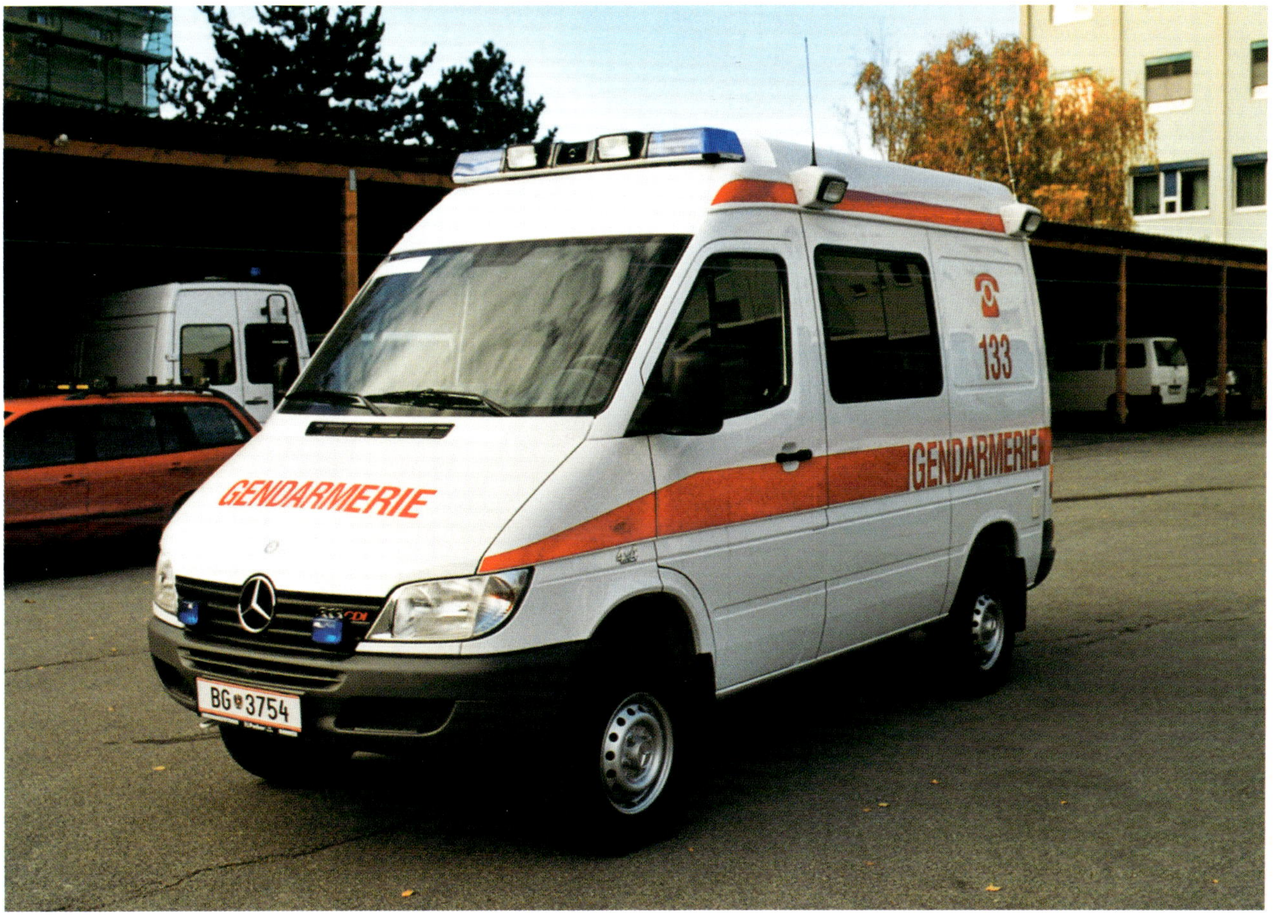

Mercedes Benz MB 313 CDI 4x4 Sprinter; Mehrzweckfahrzeug der niederösterreichischen Gendarmerie (2002).

VW Transporter T 4 Synchro; Wärmebildfahrzeug der Grenzgendarmerie (1999).

Steyr-Puch 280 GE; gepanzertes Sonderfahrzeug des GEK – Gendarmerieeinsatzkommandos (1999).

Opel Astra; Streifenwagen der Stadtpolizei Kufstein, Tirol (2000).

Die Stadtpolizei vom Imst in Tirol verwendet diesen Renault Mégane (2000).

Citroën Xantia; Streifenwagen der Stadtpolizei Feldkirch, Vorarlberg (2000).

VW Golf III TDI Synchro; Dienstfahrzeug der Stadtpolizei Hohenems in Vorarlberg (2000).

B Belgien

Hauptstadt:	**Brüssel**
Fläche:	**30.528 km²**
Einwohner:	**10.100.000**
Staatsform:	**Parlamentarische Monarchie**
Sprache(n):	**Niederländisch, Französisch, Deutsch**

Seit dem 1. Januar 2001 gibt es in Belgien eine neue polizeiliche Organisationsstruktur, nämlich die der „Police Fédérale“. Unter diesem Namen werden nun die Gendarmerie, die Gerichts- (Kriminal-) und die Gemeindepolizei auf einer so genannten Bundes- (Police Fédérale) und Lokalebene (Police Locale) zusammen gefasst. Da die bisherigen Organisationsformen die Grundlage für die neue Police Fédérale bilden, werden diese hier beschrieben.

Gemeindepolizei (Police, Politie)

Die Geschichte der Gemeindepolizei lässt sich bis zur Zeit der französischen Revolution zurückverfolgen. Aus den in dieser Zeit entstandenen Gemeinden mit ihren jeweiligen Wachen wurden nach der Unabhängigkeit Belgiens 1830 die Gemeindepolizeien im Gemeindegesetz verankert. Belgien hat rund 590 Gemeinden und fast ebenso viele Gemeindepolizeien. Sie unterstehen im Rahmen der verwaltungspolizeilichen Aufgaben dem Innenminister und im Rahmen der kommunalen Aufgaben dem jeweiligen Bürgermeister. In den Angelegenheiten der Gerichtspolizei (Kriminalpolizei), die 1919 gegründet wurde, ist die Gemeindepolizei dem Justizminister verantwortlich. Durch die Unterstellung unter die jeweilige Gemeinde ist diese auch für die Organisation und Ausstattung der Polizei zuständig. Dies geschieht natürlich unter Wahrung der vom Innenministerium vorgegebenen Richtlinien und Normen, konkret: Ausbildung, Bewaffnung und Ausrüstung. Im Rahmen ihrer Aufgaben ist die Gemeindepolizei für Schutz

Fiat Tempra 2.0 i.e.; Einsatzfahrzeug der Brüsseler Brigade Spécial (1996).

Renault Trafic; Mannschaftstransporter der Polizei von Etterbeek (1996).

und Hilfe, Verkehrsüberwachung und Prävention zuständig. Repressive Aufträge werden im Rahmen der gerichtspolizeilichen Aufgaben von der Gemeindepolizei übernommen. Die Gemeindepolizei wird als die „bürgernahe Polizei“ Belgiens gesehen.

Gendarmerie (Rijkswacht)

Mit der Unabhängigkeit Belgiens wurde auch die belgische Gendarmerie geschaffen. Die ersten Jahrzehnte verliefen eher unspektakulär und waren vom Aufbau der Streitmacht gekennzeichnet. 1863 wurde die Gendarmerieschule gegründet, 1913 die ersten Einheiten der „Gendarmerie mobile“ aufgestellt. Während der beiden Weltkriege hielt die belgische Gendarmerie die öffentliche Sicherheit trotz der prekären Situation im Land aufrecht. Das neue Gendarmeriegesetz von 1957 regelte die Stellung der Gendarmerie neu. Sie wurde nun als „vierte bewaffnete Macht“ neben Heer, Marine und Luftwaffe angesehen, obwohl sie eben durch dieses Gesetz aus dem Verband der Armee herausgelöst wurde. Weiterhin wurden der Gendarmerie neue Rechte und Kompetenzen wie etwa die Zuständigkeit für das ganze Land und das Recht, eigene Gendarmerieschulen zu errichten, verliehen. In den 60er-Jahren erfolgte der weitere Ausbau, darunter auch ein landesweites Funknetz. Endgültig demilitarisiert und zur zivilen Wache umgewandelt wurde die Gendarmerie 1992 mit dem Wegfall der teilweisen Zuständigkeit des Verteidigungsministers. Von nun an waren Innen- und Justizministerium zuständig. Mit der neuen Struktur sollte die Gendarmerie nachhaltig effektiver arbeiten können, da mili-

Citroën Xantia; Streifenwagen der Polizei von Etterbeek (1996).

BMW K 1100 RT; Standardmotorräder der Brüsseler Polizei (1996).

tärische Strukturen kaum mehr in der Lage waren, moderne Polizeiarbeit zu garantieren. Da die Gendarmerie oft die gleichen Aufgaben wie die Gemeindepolizei wahrnimmt, mussten beide bestmöglich koordiniert werden. Diese Zusammenarbeit wird seither durch die so genannten „ZIP" – Zones interpolice – gewährleistet, deren Ziel es ist, unter der Aufsicht des Bürgermeisters einen vollwertigen Polizeidienst rund um die Uhr anzubieten.

Seat Ibiza; Streifenwagen der Polizei in Aywaille (1996).

Fiat Fiorino; Diese Fahrzeuge werden vornehmlich als Diensthundetransporter in Brüssel genutzt (1996).

Fiat Ducato Maxi; Mannschaftstransporter der Brüsseler Polizei (1996).

Fiat Tempra 1.6 i.e. SW; Streifenwagen der Brüsseler Polizei (1996).

DAF - Jonckheere; Großraumomnibus der Brüsseler Polizei; hier mit Schutzgittern (1997).

Volvo S 70 TDI; Streifenwagen für die Überwachung der Autobahnen (1998).

Renault G 260; Pferdetransporter für die berittenen Einheiten der Gendarmerie (1999).

IVECO Turbo; Arrestantenwagen der Bereitschaftseinheiten der Gendarmerie (1996).

MOL MSB 18 6x6; Wasserwerfer 10.000 der Gendarmerie (1996).

Opel Corsa Streifenkraftwagen der Police Locale in der neuen Farbgebung (2002).

VW Transporter T4 TDI Mannschaftstransportfahrzeug der Police Locale; ebenfalls bereits im neuen Anstrich (2002).

D Deutschland

Hauptstadt:	**Berlin**
Fläche:	**357.041 km²**
Einwohner:	**81.500.000**
Staatsform:	**Bundesrepublik**
Sprache(n):	**Deutsch (Amtssprache), Dänisch, Friesisch, Sorbisch**

Die Geschichte der deutschen Polizei auf wenigen Seiten darzustellen ist ein kaum lösbares Unterfangen. Daher kann an dieser Stelle nur ein grober Überblick geboten werden. Alles darüber hinaus Gehende würde den Rahmen dieser Publikation bei weitem sprengen.

Nach einigen polizeilichen Anfängen, die bis in das 14. Jahrhundert zurückgehen, wurden von König Friedrich Wilhelm I. Militär-, Finanz- und Polizeiwesen voneinander getrennt. 1794 wurde im Landrecht der preußischen Staaten der Grundsatz des Erhalts der öffentlichen Ordnung und die Gefahrenverhütung niedergeschrieben. Dies war der erste klare Umriss polizeilicher Aufgaben. Nach und nach zogen alle deutschen Staaten mit und schufen diverse Polizeikorps. Berlin und München waren im 19. Jahrhundert führend, was die Polizeiarbeit im deutschen Reich anbelangte (Steckbriefwesen, Fingerabdruckkarteien, Kriminalpolizei...). Nach dem Ersten Weltkrieg waren die Schutzmannschaften nicht mehr in der Lage, die öffentliche Sicherheit vollständig zu gewährleisten und so wurden Einheiten der kasernierten Sicherheitspolizei – Vorläufer der heutigen Bereitschaftspolizei – aufgestellt. Da diese militärische Polizeitruppe auf Drängen der Siegermächte wieder aufgelöst werden musste, wurde nun eine neue Polizeitruppe, die Schutzpolizei, aufgestellt. Die Schutzpolizei war in den einzelnen Ländern den jeweiligen Polizeiverwaltungen unterstellt und verfügte auch weiterhin über kasernierte Abteilungen, die eine Einsatzreserve darstellten und sich auch um die Ausbildung neuer Beamter kümmerten. In diese Zeit fielen auch die vermehrte Ausstattung der Polizei mit

VW Transporter T4; typischer Streifenwagen der Berliner Polizei (1999).

Die saarländische Polizei nutzt diesen Peugeot 806 in Saarbrücken als Diensthundetransporter (2002).

Kraftfahrzeugen und der Start von Spezialeinheiten wie den berühmten „Überfallkommandos“. Daneben wurden die ersten Verkehrspolizeiabteilungen aufgestellt, da eine effiziente Überwachung des Verkehrs mit Fußstreifen nicht mehr zu bewerkstelligen war. Die Zeit ab 1933 bis zum Kriegsausbruch 1939 stellte einen gravierenden Einschnitt in die Polizeiorganisation dar. Als Innovation dieser Zeit kann vielleicht die Gendarmerie gelten, die ab 1936 für die Überwachung von Autobahnen und Fernverkehrsstraßen zuständig war. Nach Ende des Zweiten Weltkriegs wurde die Polizeihoheit in den Städten zunächst den Oberbürgermeistern übertragen (Stadtkreispolizei). Auf dem Land, oder dort, wo es keine Stadtkreispolizei gab, wurde die sogenannte Regierungsbezirkspolizei aufgestellt. Nach Gründung der Bundesrepublik und der Deutschen Demokratischen Republik kam es in den jeweiligen Landesteilen zur endgültigen Neuorganisation des Polizeiwesens. Die DDR Volkspolizei umfasste folgende Dienstzweige: Schutzpolizei, Transportpolizei, Wasserschutzpolizei, Verkehrspolizei, Kriminalpolizei, Pass- und Meldewesen sowie den Betriebsschutz. Organisatorisch war die Volkspolizei in territoriale Bezirksbehörden, VP-Kreisämter, VP-Inspektionen, VP-Reviere, VP-Wachen und VP-Gruppenposten gegliedert. Bereitschaftspolizeieinheiten gab es in jeder Bezirksstadt. Die

Opel Astra; Steifenwagen der Berliner Polizei (1999).

Aufgaben dieser Einheiten, deren Personal auch aus Wehrpflichtigen bestand, waren vornehmlich Sicherungs- und Ordnungsdienste. Nach der Deutschen Einheit am 3. Oktober 1990 wurde die DDR „Vopo" nach westdeutschem Muster reorganisiert. Grundsätzlich gilt, dass die Polizeihoheit bei den Ländern liegt, wobei in jedem Land eine Schutzpolizei und eine Bereitschaftspolizei bestehen. Die Bereitschaftspolizei wird vornehmlich zur Unterstützung der Schutzpolizei bei Großveranstaltungen und Sondersituationen herangezogen. Oft ist die Bereitschaftspolizei auch für die Aus- und Weiterbildung der gesamten Polizei eines Landes zuständig. Die Polizeihoheit obliegt dem jeweiligen Innenminister des Landes. Als „Polizei des Bundes" fungiert der Bundesgrenzschutz. Der Bundesgrenzschutz BGS wurde 1951 gegründet. Nachdem sich 1956 ein großer Teil des BGS-Personals für den Übertritt zur neu geschaffenen Bundeswehr entschied, musste mit dem Neuaufbau der Truppe begonnen werden. 1972 wurde die wohl bekannteste Einheit des BGS gegründet, die Antiterroreinheit GSG 9. Durch geänderte rechtliche Rahmenbedingungen konnte die Kooperation zwischen dem BGS und den Länderpolizeien verstärkt werden (gleiche Ausbildung und Amtsbezeichnungen). Nach der Deutschen Einheit am 3. Oktober 1990 übernahm der BGS das Personal des DDR-Grenzschutzes und somit die Zuständigkeit auf dem gesamten Gebiet Deutschlands. 1992 wurden dem BGS auch die Aufgabenbereiche Bahnpolizei und Luftsicherheit übertragen. Durch das Inkrafttreten des Schengener Abkommens 1995 und dem damit verbundenen Wegfall der Binnengrenzen wurden vom BGS die Kontrollen an den Außengrenzen der EU intensiviert.

Die weiteren Aufgaben des BGS sind sehr vielfältig. Neben dem Schutz von Bundesorganen und der Unterstützung anderer Bundesbehörden sowie im Bedarfsfall der Länder, ist der BGS auch für die Abwehr von – nicht luftfahrtbedingten – Gefahren für die Zivilluftfahrt zuständig (Gepäck- und Personenkontrolle, Objektschutz usw.). Im Rahmen der bahnpolizeilichen Aufgaben hat der BGS die Aufgabe, alle möglichen Gefahren abzuwenden, die den Benutzern, den Anlagen oder dem Bahnbetrieb drohen (Eskorten von Gefahrenguttransporten, Schutz vor Rowdytum und Vandalismus usw.). Die grenzpolizeilichen Aufgaben sind u.a. die Überwachung der Grenzen, die Kontrolle des grenzüberschreitenden Personenverkehrs und die Gefahrenabwehr im Grenzbereich bis zu einer Zone von 30 Kilometern. Durch das Schengener Abkommen erfolgt, wie bereits erwähnt, eine verstärkte Kontrolle der Außengrenzen, so dass ein kontrollfreies Reisen innerhalb der Schengen-Staaten gewährleistet ist.

Ford Scorpio; Streifenwagen der Autobahnpolizei Berlin; Einzelstück mit der in Berlin üblichen Hecklackierung (1997).

Mercedes-Benz 814 D Vario; Arrestantenwagen der Berliner Polizei (2000).

VW LT 35; Fahrzeug der Berliner Wasserschutzpolizei, das bei Umweltdelikten zum Einsatz kommt (1999).

Wartburg 353 W; stellvertretend für die vielen Umlackierungsvarianten aus der Zeit der deutschen Einheit steht dieses Fahrzeug (1990).

Barkas B 1000; dieses Unfallaufnahmefahrzeug diente vorher bei der Volkspolizei (1991).

Ford Transit; dieses Fahrzeug wird in Hamburg als mobiles Polizeirevier verwendet (1998)

Magirus Deutz M 2000; Großraumomnibus der Hamburger Polizei (1997).

Opel Omega B; auch in Hamburg wurde die traditionelle Lackierung zu Gunsten des neuen Designs aufgegeben (1997).

Audi A 6; Streifenwagen der Münchener Polizei (1998).

BMW 318i Touring; Streifenwagen der Münchener Polizei (1997).

BMW der Nürnberger Polizei (2000).

Neoplan; bei diesem Fahrzeug handelt es sich um einen Gefangenentransporter der bayerischen Polizei (2000).

Im Saarland kommen auch französische Fahrzeuge wie dieser Peugeot zum Einsatz (1997).

Mercedes-Benz E-Klasse; neue, silberne Streifenfahrzeuge der APD Stuttgart, Baden-Württemberg (2000).

Mercedes-Benz Vito 112 CDI; Streifenwagen der APD Stuttgart (2000).

Porsche 911 Carrera; die richtige Antwort auf Temposünder bei der APD Stuttgart (2000).

Mercedes-Benz 814; Pferdetransporter der Polizei Nordrhein-Westfalen.

Audi A 6; Streifenwagen der Polizei von Mecklenburg-Vorpommern (1999).

Opel Frontera 4x4; geländegängiger Steifenwagen der Polizei Brandenburg (1995).

Audi A 6; dieser Audi wird von der Polizei in Schleswig-Holstein eingesetzt (2000).

BMW R 850 RT; Motorrad der Berliner Polizei, speziell für Protokollaufgaben (2000).

BMW C1; auch diese Fahrzeuge finden Gefallen bei der Polizei (2000).

BMW K 75; Motorrad der Polizei Trier, Rheinland-Pfalz (2000).

Land Rover Discovery 2.5 TDI; Fahrzeug der Bereitschaftspolizei (2000).

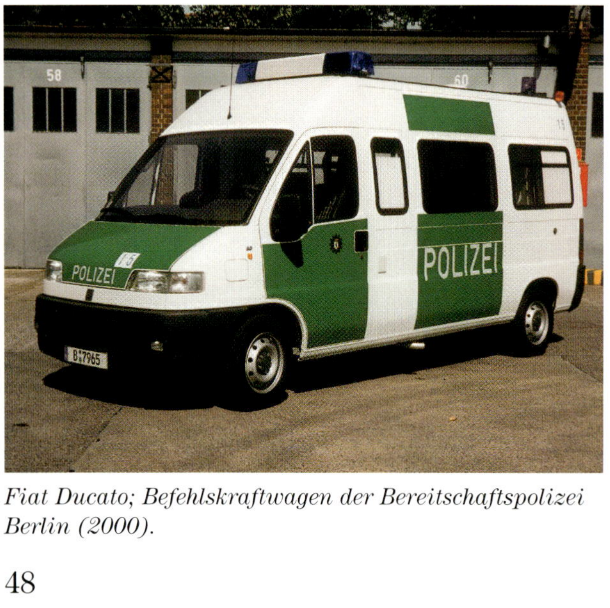

Fiat Ducato; Befehlskraftwagen der Bereitschaftspolizei Berlin (2000).

VW Passat; Diensthundetransporter der Polizei Sachsen (1998).

VW Passat; Streifenwagen der Polizei Lübeck, Schleswig-Holstein (1997).

Mercedes-Benz 280 GE; Führungsfahrzeug der bayerischen Bereitschaftspolizei (1998).

IVECO Euro Cargo; Küchenwagen der Bayerischen Bereitschaftspolizei (1998).

Mercedes-Benz 911; Polyma Lichtgiraffe der Hamburger LPD (1997).

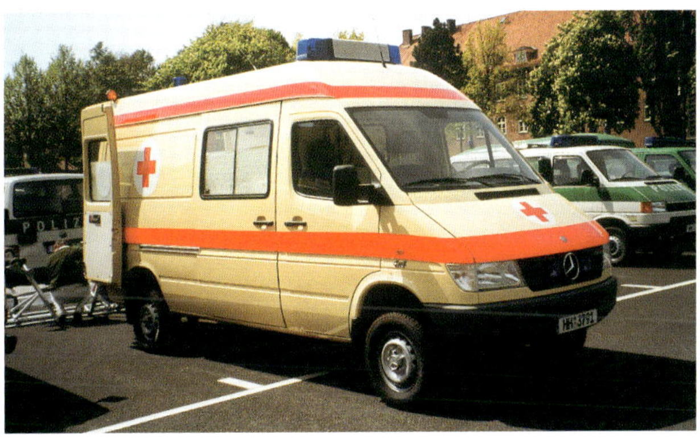

Mercedes-Benz Sprinter; die Bereitschaftspolizei-Abteilungen haben ihre eigenen Rettungsfahrzeuge, wie dieses Hamburger Fahrzeug zeigt (1999).

Toyota Survivor; SW 3 der Polizei von Schleswig-Holstein (2000).

Mercedes-Benz 280 GE; SW 3 der Polizei Frankfurt/M., Hessen.

Mercedes-Benz G; SW 3 der bayerischen Polizei in neuer Farbgebung (2000).

Mercedes-Benz MB1417; Pferdetransporter der Reiterstaffel der Stuttgarter Polizei (Baden-Württemberg); (2002).

VW Passat der Autobahnpolizei in Teltow-Fläming in Brandenburg. Er fällt durch die silberne Grundlackierung mit blauem Umlaufstreifen besonders auf (2002).

Mercedes-Benz E 270 CDI; Streifenkraftwagen der Autobahnpolizei in Freiburg, Baden-Württemberg (2002).

Dieser Mercedes-Benz E 220 T der Hamburger Polizei ist silberfarben mit blauer Klebefolie (2002).

Dieser BMW 525d ist der Bayerischen Polizei in München zugeteilt (2002).

In der Hansestadt Hamburg wird der Smart für Kurier- und Routinedienste genutzt (2001).

Dieser Mercedes-Benz O 305, ein ehemaliger Linienbus, wird von der Polizei in Offenbach (Hessen) als mobile Wache genutzt (2002).

Die Mainzer Polizei (Rheinland-Pfalz) verwendet diesen gepanzerten BMW 750i für diverse Sonderaufgaben (2001).

Mercedes-Benz 2628; Wasserwerfer, wie dieser WaWe 9 gehören zur Standardausstattung der Bereitschaftspolizei

Thyssen TM170; SW 4 der Hamburger LPD (1999).

Land Rover TD 5; Führungsfahrzeug des BGS, bereits in der neuen minzgrünen Farbe (1999).

VW Transporter T4; Mannschaftsfahrzeug des BGS (1999).

VW Transporter T4; Wärmebildfahrzeug des BGS (1999).

Mercedes-Benz E-Klasse; Abteilungsführerfahrzeug des BGS (1994).

Mercedes-Benz 711 D; Gruppenkraftwagen des BGS, noch im alten Anstrich (1994).

BMW R 80; Motorrad des BGS (1999).

DK Dänemark

Hauptstadt:	**Kopenhagen**
Fläche:	**43.092 km²**
Einwohner:	**5.200.000**
Staatsform:	**Konstitutionelle Monarchie**
Sprache(n):	**Dänisch**

Bis 1911 waren die Polizisten Gemeindebedienstete, die unter dem Kommando eines vom König ernannten Oberbeamten dienten. Diese Oberbeamten fungierten bis 1919 nicht nur als Polizeichef, sondern auch als Bürgermeister und Richter in Personalunion! 1938 wurde das dänische Polizeiwesen schließlich unter eine gesamtstaatliche Organisation gestellt. Die dänische Polizei (Politi) untersteht heute dem Justizminister, dem wiederum die Gerichte und der Reichspolizeichef (Rigspolitchefen) unterstehen. Sie ist die einzige Polizeiorganisation im Land. Der Reichspolizeichef ist der Vorgesetzte der Polizeipräsidenten in den einzelnen Kreisen und Kopenhagen. Der Reichspolizeichef hat zwar die Aufsicht über die nachgeordneten Dienststellen und kann allgemeine Richtlinien für die Polizeiarbeit festlegen, aber die grundsätzliche Durchführung obliegt den jeweiligen Polizeipräsidenten in den Polizeikreisen, die hier eine weitgehende Autonomie besitzen. Mehrere Polizeikreise sind zu insgesamt sieben Polizeiregionen zusammengefasst, was die Personalstärke bei Großeinsätzen sichern soll. Einem Polizeikreis steht der Polizeipräsident vor. Diesem sind Juristen der Anklage beigeordnet. Dem Polizeipräsidenten, der auch als Ankläger beim Amtsgericht fungiert, sind Kriminal- und Schutzpolizei sowie das Polizeiamt nachgeordnet. Kopenhagen bildet einen eigenen Polizeikreis, der wiederum in einzelne Reviere unterteilt ist.

Mercedes-Benz Sprinter – gepanzertes Fahrzeug eines SEK (2000).

Ford Mondeo; Streifenwagen der dänischen Polizei, wie er auf dem Land anzutreffen ist. (2000).

Darüber hinaus verfügt die Kopenhagener Polizei über eine Reihe von Großstadt-üblichen Sonder- und Spezialabteilungen. Die dänische Polizei ist darüber hinaus mit vielen Verwaltungspolizei-Aufgaben betraut, wie etwa dem Ausstellen von Pässen und Führerscheinen, Fahrprüfungen, Fundsachen, Fahrzeugzulassung. Im Rahmen des Zivilschutzes kommen der Polizei besondere Aufgaben beim Warnen und möglichen Evakuieren der Bevölkerung zu.

Ford Mondeo Turnier; neben den Limousinen wird auch die Kombiversion gerne verwendet (2000).

Peugeot 406; Streifenwagen mit auffälligen Straßenräumern (1999).

Ford Escort; Streifenwagen mit Zusatzlautsprecher für Mitteilungen an die Bevölkerung (1998).

VW T4 Caravelle VR 6; Mannschaftswagen der Kopenhagener Polizei (1999).

Volvo 240; die Vorläufer der Mondeo waren Volvo Streifenfahrzeuge (1995).

Ford Transit; Mannschaftstransporter der Polizei in Kopenhagen (1999).

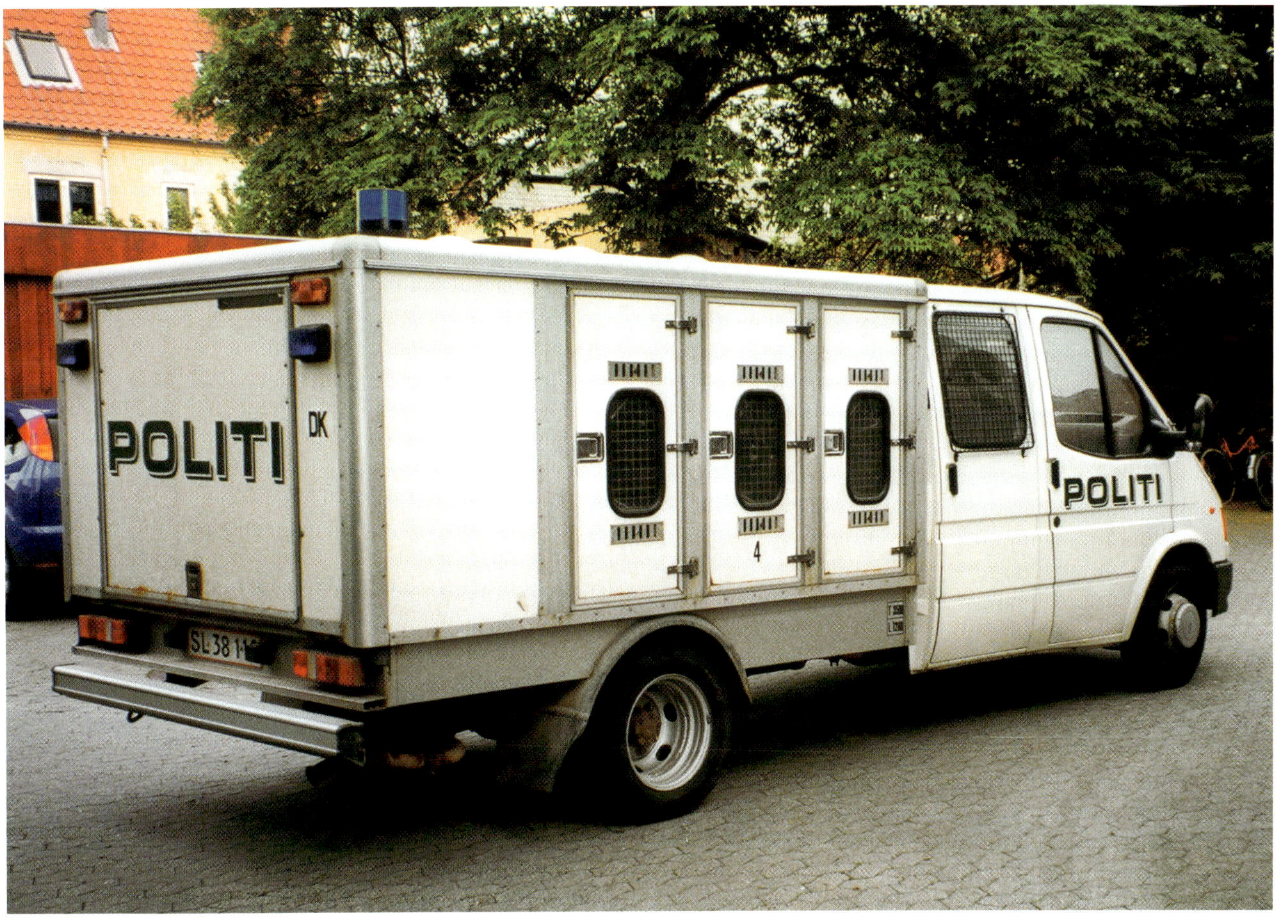

Die Polizei in Sonderburg verwendet diesen umgebauten Ford Transit als Diensthundetransporter (2002).

Yamaha 1000 GTS; Motorrad zur Verkehrsüberwachung (1999).

Ford Mondeo Turnier; Diensthundetransporter sind in schwarzblau lackiert (1999).

Mercedes-Benz 0 309; Mannschaftstransporter der Kopenhagener Polizei (1999).

(E) Spanien

Hauptstadt:	**Madrid**
Fläche:	**504.750 km²**
Einwohner:	**39.200.000**
Staatsform:	**Parlamentarische Monarchie**
Sprache(n):	**Spanisch (Amtssprache), Katalanisch, Baskisch**

In Spanien gibt es zwei große, nationale Polizeiorganisationen, nämlich die Guardia Civil und die Policía Nacional. Daneben gibt es in Katalonien noch die Mossos d'Escuarda, eine Art Bereitschaftspolizei der Regionalregierung Kataloniens sowie eine große Zahl von Gemeindepolizeien.

Guardia Civil

Die Guardia Civil war die erste Polizeiorganisation mit nationaler Kompetenz. Die Truppe wurde 1844 auf Grund königlicher Dekrete ins Leben gerufen. Interessant ist der Umstand, dass schon damals eine Doppelunterstellung der Guardia Civil bestand. Für Polizeiaufgaben war der Innen- und für Organisations-, Ausrüstungs- und Personalfragen der Verteidigungsminister zuständig. Die Guardia Civil wurde weiter ausgebaut und war landesweit für die öffentliche Ordnung verantwortlich. Von 1874 an wurden Einheiten der Truppe auch in den spanischen Überseegebieten eingesetzt. Um die Jahrhundertwende wurden Anstrengungen unternommen, die Guardia Civil alleine dem Innenministerium zu unterstellen. Diese Versuche misslangen jedoch. Nach dem Bürgerkrieg von 1936 bis 1939 übernahm die Guardia Civil auch noch die Aufgaben der inzwischen aufgelösten Gendarmerie, den „Carabineros". Bedingt durch den stärker werdenden Einfluss der Armee und die oft repressiven Aktionen, die die Truppe durchführen musste, sank mitunter ihr Rückhalt in der Bevölkerung drastisch. Nach der Wiedereinführung der Monarchie

In den 80er-Jahren hatten die Fahrzeuge ein eher militärisches Aussehen, wie dieser Talbot Simca 1.6 Horizon (1986).

Peugeot 306 TD; ein typischer Streifenwagen der neuen Generation (1999).

1975 wurde die Guardia Civil laufend umstrukturiert und ähnelt heute mehr einer „zivilen" Polizei als einer paramilitärischen Ordnungstruppe. Die Unterstellungsverhältnisse sind jedoch gleich geblieben, darüber hinaus ist noch, was Untersuchungen in Steuerangelegenheiten anbelangt, der Finanzminister dazugekommen. Die Guardia Civil ist landesweit präsent. Die Organisationsstruktur beginnt mit puestos (Wachen), dann folgen líneas (Gruppenwachen), die nächste Stufe sind compañias (Kompanien). Den compañias sind die comandancias (Provinzkommandos) vorgelagert. Die höchsten Kommandostufen stellen die Tercios (Regionalkommandos, aus mehreren Provinzen bestehend) und die Zonas (mehrere Regionalkommandos) dar. Die Hauptstadt bildet eine eigene Zone. Die Verkehrsabteilung (Trafico) hat wiederum ihre eigene Organisationsstruktur. Die Guardia Civil verfügt über die ganze Palette polizeilicher Dienste und ist daher zu Lande, zu Wasser und in der Luft vertreten. Sie verfügt über SEKs, Diensthunde, Kriminalbeamte, Finanzermittler, Sprengstoffexperten, Verkehrsabteilungen, Gebirgstruppen und auch eine eigene Umweltschutzabteilung!

Cuerpo Nacional de Policía

Bis zum landesweiten Polizeikorps verging relativ viel Zeit. Die Anfänge sind im Jahre 1807 zu finden, als die Polizeidirektion Madrid geschaffen wurde. Der nächste Schritt wurde 1824 vollzogen, als durch die neue nationale Polizeibehörde (Superintendencia general de Policía del Reino) die Grundlagen zur weiteren Entwicklung einer landesweiten, zivilen Polizeiorganisation gelegt wurden. 1870 wurden verschiedene Gemeinde- und Stadtpolizeien weiträumig zusammen gelegt, so dass de facto ein nationales Polizeikorps entstand. Nach einer Reform Im Jahre 1941 wurde der nun als Policía Armada bezeichneten Polizei auch die Kompetenz zur landesweiten Verkehrsüberwachung übertragen. Diese Zuständigkeit musste aber bald wieder an die Guardia Civil abgegeben werden. Die heutige, moderne Organisation beruht auf den Grundsätzen der spanischen Verfassung von 1978, wo dezidiert die Verankerung des Polizeikorps als bewaffnete, zivile Wache mit nationaler Kompetenz festgeschrieben wurde. 1986 wurden die uniformierte (Policía Nacional) und die Kriminalpolizei (Cuerpos Superior de Policía) zum heutigen Cuerpo Nacional de Policía zusammen gelegt. Die Polizeihoheit geht vom Innenminister aus. Diesem ist der Polizeichef sowie dessen Führungsstab nachgeordnet. Darüber hinaus bestehen noch eine Inspektionsabteilung und die Grupo Especial de Operaciones GEO, die SEKs. Die Polizei ist in folgende Zweig-

In den 90er-Jahren stellte die Polizei auf ein moderneres Farbschema um, wie dieser Citroën BX zeigt.

Citroën Xsara; ebenfalls ein Standardstreifenwagen in Spanien (1999).

bereiche gegliedert: Kriminalpolizei, Sicherheitspolizei, Nachrichtendienst (soweit damit betraut) und Verwaltungspolizeiangelegenheiten. Für die Aus- und Weiterbildung stehen der Polizei mehrere Ausbildungsstätten zur Verfügung, wobei es in Zusammenarbeit mit der Universität von Salamanca auch Diplomausbildungen für höhere Polizeibeamte gibt.

Gemeindepolizeien

Zusätzlich zu diesen Korps gibt es in vielen Gemeinden des Landes eine eigene Gemeindepolizei, die Policía Local. Die Zuständigkeiten dieser Polizeien sind, wie schon der Name sagt, auf das jeweilige Gemeindegebiet beschränkt. Obwohl oft nur von kleiner bis mittlerer Größe, sind sie für die allgemeine Sicherheit unabdingbar geworden, da die Gemeindepolizisten ihre Bürger und Besonderheiten ihres Streifenbezirkes genau kennen. Im Zeitalter des Massentourismus hebt eine zusätzliche Polizeipräsenz zudem auch das subjektive Sicherheitsempfinden der Touristen. Bei den Gemeindepolizeien ist, bedingt durch ihren lokalen Charakter, auch eine große Vielfalt an Ausstattungen und Organisationsformen anzutreffen.

Nissan Patrol; Streifenwagen der Stadtpolizei Madrid (1995).

Urovesa U-14; dieser Wasserwerfer 4000 gehört zu den Sondereinheiten der Polizei (1999).

Unimog UR 416; gepanzerter Sonderwagen eines SEK (1999).

Mercedes-Benz; Gefangenentransporter der Polizei (1999).

Honda 650 Deauville; Standardmotorrad der Polizei (1999).

Piaggio Hexagon; Roller für die täglichen Routineaufgaben der Polizei (1999).

Citroën Xantia 2.0i; Streifenwagen der Verkehrsabteilung der Guardia Civil (1999).

Ford Transit; Unfallaufnahmewagen der Verkehrsabteilung der Guardia Civil (1999).

BMW K 75; Standardmotorrad der Guardia Civil (1999).

Nissan Terrano & Yamaha; die Umweltschutzabteilungen der Guardia Civil sind mit diesen Gespannen ausgerüstet (1999).

Mercedes-Benz 140; derartige Fahrzeuge werden als mobile Wachen eingesetzt (1999).

Renault R 4; bis in die 90er-Jahre war das einer der Standardstreifenwagen der Guardia Civil.

Mitsubishi Pajero; die Polizei von Tirajana patroulliert auch die Strände (1997).

Nissan Terrano II; Streifenwagen der Stadtpolizei von Valencia (1999).

Fiat Scudo; Mehrzweckfahrzeug der spanischen Polizei (1999).

Opel Frontera 4x4; Streifenwagen der Ortspolizei von Son Servera (1998).

Opel Astra; Streifenwagen der Ortspolizei von Santa Maria del Calmi (2000).

(F) Frankreich

Hauptstadt:	**Paris**
Fläche:	**551.000 km²**
Einwohner:	**58.000.000**
Staatsform:	**Parlamentarische Republik**
Sprache(n):	**Französisch, (Amtssprache), Deutsch, Gälisch, Baskisch, Provençalisch**

Gendarmerie Nationale

Die Anfänge der Gendarmerie reichen bis ins Jahr 1534 zurück. Auf eine Initiative des Königs François I. wurde eine Truppe mit der Aufgabe, die Verkehrwege zu sichern, gegründet: die Maréchaussée. Da die Truppe sich bewährte, wurden ihr immer mehr Kompetenzen übertragen. Die Truppe überlebte als eine der wenigen alten Organisationen die französische Revolution, sie musste lediglich ihre Gerichtsbarkeit auf Grund der Gewaltenteilung abtreten. 1790 etablierte sich die Truppe unter dem Namen Gens d'Armes endgültig im nachrevolutionären Frankreich. Die Gendarmerie war schon immer zweigeteilt, das heißt, sie hatte sowohl zivile (Polizei) als auch militärische Aufgaben zu bewältigen. Napoleon setzte Gendarmerieregimenter bewusst an den Brennpunkten der Schlachten ein, da er von der Tapferkeit und Loyalität dieser Einheiten überzeugt war. Heute untersteht die Gendarmerie dem Verteidigungsminister. Die Gendarmerie ist eingeteilt in régions, districts, légions, groupements (eines pro Département), compagnies (meist in den Bezirkshauptstädten) und schließlich in die brigades (die einzelnen Dienststellen). Die Aufgaben der Gendarmerie umfassen neben den allgemeinen polizeilichen auch eine Reihe von rein militärischen Bereichen. Für die polizeilichen Belange verfügt die Gendarmerie über verschiedene Einheiten wie etwa allgemeine Gendarmerie, Gebirgseinheiten, Wasserschutzgendarmerie, Verkehrsabteilungen, Höhleneinsatzgruppen und Flughafenschutzeinheiten. Darüber hinaus gibt es noch die Garde Républicaine, welche neben zere-

Renault 21 Nevada; Streifenwagen einer Verkehrsabteilung (escadron d'autoroute) mit Reflexstreifen (1999).

Peugeot 205 GT; Streifenwagen einer Verkehrsabteilung (1996).

moniellen Aufgaben auch für den Personenschutz der Staatsrepräsentanten verantwortlich zeichnet. Die Antiterroreinheit der Gendarmerie, die GIGN (Groupement de Sécurité et d'Intervention de la Gendarmerie Nationale), wurde aus den Einheiten der mobilen Gendarmerie – einer Art Bereitschaftspolizei – gebildet. Sie besteht seit 1976 und wird landesweit und auch im Ausland für gefährliche Sondereinsätze herangezogen. Die militärischen Aufgaben der Gendarmerie sind primär der Schutz sensibler Bereichen wie etwa Nuklearwaffendepots oder die Transportbegleitung eben solcher Waffen. Darüber hinaus ist sie noch als Militärpolizei für die Sicherheit und Ordnung innerhalb der Armee zuständig.

Police Nationale

Mit der Schaffung des Ministère de la Police Générale 1796 wurde der erste Schritt zur Schaffung einer zentralen Polizeiorganisation gesetzt. Wobei anzumerken ist, dass vielfach die bestehenden Gemeindepolizeien von einer zentralen Polizeistelle nichts wissen wollten und andererseits der Staat den gesamten Polizeiapparat gerne kontrolliert hätte. Ab 1851 wurden die Polizeien der größeren Städte jedoch systematisch „verstaatlicht“ und deren Mitarbeiter wurden Staatsbedienstete. Ab 1941 wurden in jeder Stadt mit mehr als 10.000 Einwohnern eine staatliche Polizei installiert. Lediglich in Paris hielt sich eine eigene Stadtpolizei, die aber 1966 ebenfalls in die staatliche Polizei integriert wurde. Womit der Weg für die dem Innenministerium unterstehenden Police Nationale (DGPN – direction générale de la Police Nationale) frei war. Diese ist heute in fünf Direktionen – Nachrichtendienst DST (direction de la surveillance du territoire), Kriminalpolizei DCPJ (direction centrale de la Police Judiciaire), öffentliche Sicherheit DCSP (direction centrale de la Sécurité Publique), Grenzpolizei DCPAF (direction centrale de la Police aux Frontières) und Staatspolizei DCRG (direction centrale des renseignements généraux) – ein-

Renault Gruau T 1100 D; Unfallaufnahme- und Sicherungswagen der Gendarmerie (1999).

geteilt. Die 1800 von Napoleon gegründete Pariser Polizeipräfektur stellt innerhalb der Police Nationale eine Besonderheit dar. Ist doch neben der Polizei auch die Feuerwehr, die 1811 geschaffene „Brigade de sapeurs-pompiers de Paris“ (BSPP), zur Polizei gehörig. Eigentlich ist die Feuerwehr eine militärische Einheit, die dem Polizeipräfekten untersteht. Eine weitere Besonderheit der Police Nationale sind die Einheiten der Compagnies Républicaines de Sécurité CRS. Sie

Peugeot 306 Break; Standardausführung eines Streifenwagens (2002).

wurden 1944 als allgemeine, mobile, nationale Polizeireserve geschaffen. Die CRS unterstützt aber auch den normalen Streifendienst der Police Nationale. Durch die vielfältigen Aufgaben, die der CRS als nationale Polizeireserve zukommen, verfügt sie auch über eine Reihe von Spezialeinheiten, wie etwa Verkehrsabteilungen, Alpineinheiten und auch eigene Rettungsschwimmerabteilungen.

Police Municipale

Die Gemeindepolizeien sind nur auf dem jeweiligen Gemeindegebiet zuständig und unterstehen dem Bürgermeister. Bei ihrer Arbeit dürfen sie auf keinen Fall in die Kompetenzen der Police Nationale und der Gendarmerie eingreifen. Sie haben darüber hinaus eine Berichtspflicht an die zentralen staatlichen Sicherheitsdienststellen, die unter Umständen die weiteren Ermittlungen übernehmen. Primär liegen die Aufgaben der Gemeindepolizeien im Tagesgeschäft, also der Prävention und der Verkehrsüberwachung.

BMW K 1100; Standardmotorrad der Gendarmerie, das hier mit voller Beflaggung unterwegs ist (1999).

Renault Clio; Standardstreifenwagen für Routineaufgaben (1999).

Land Rover Defender Tdi; Einsatzfahrzeug der Bergrettungseinheiten der Gendarmerie (1999).

Yamaha Ski-doo; ebenfalls ein Fahrzeug der Bergrettungseinheiten der Gendarmerie (1999).

Jeep; kleines, geländegängiges Streifenfahrzeug (1995).

V.A.B.; gepanzerter Sonderwagen der Gendarmerie (1999).

Peugeot P 4; geländegängiges Streifenfahrzeug der Gendarmerie (1999).

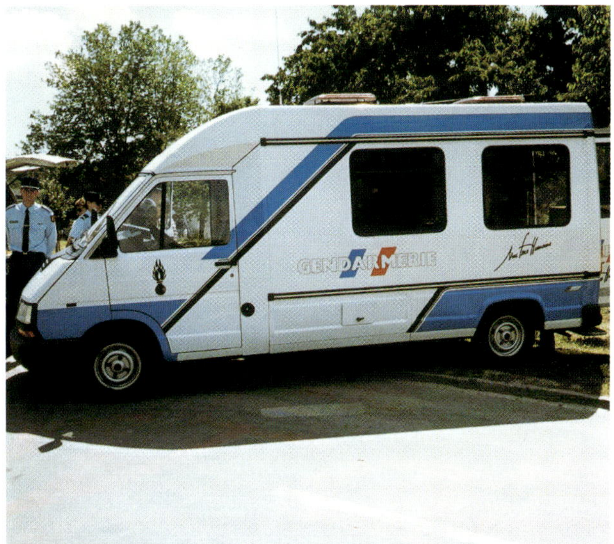

Renault; mobile Informationsstelle der Gendarmerie (1999).

Peugeot 205 XL; Standardstreifenwagen mit kleinem Tropfenblaulicht (1994).

BMW K 75; Standardmotorrad der französischen Polizei (1994).

Peugeot J 9 Diesel; Unfallaufnahme- und Sicherungswagen einer Verkehrsabteilung der Polizei (1994).

Peugeot 309; Standardstreifenwagen mit dem früheren, typischen kleinen Blaulicht (1994).

Renault R 5; Streifenwagen der Polizei von Faverges (1996).

Renault 21 Nevada; Fahrzeug eines Diensthundeführers der Polizei (1997).

Renault Trafic; typisches Streifenfahrzeug auf Basis eines Kleinbusses (1999).

Dieser Unimog wird für polizeiliche Sonderaufgaben bereit gehalten (2001).

BMW K 1100; Motorrad der Verkehrsabteilung der Londoner Polizei (1999).

Vauxhall (Opel) Omega; Streifenwagen der Polizei von Devon & Cornwall (1999).

BMW R 850 RT; Motorrad zur Verkehrsüberwachung der Polizei von Süd-Wales (1999).

Mercedes-Benz 1720 & IVECO Cargo; Pferdetransporter der Nottinghamshire Constabulary (1999).

Vauxhall (Opel) Omega; neue Streifenwagen der Polizei von Surrey bei der Übergabe (1999).

Isuzu Trooper; geländegängiger Streifenwagen der Polizei von Cleveland in schwerem Gelände (1999).

Land Rover Discovery; Streifenwagen der Royal Parks Constabulary (1999).

Ford Mondeo 24V; Streifenwagen der Polizei von Nord-Wales – Heddlu heißt Polizei in der Landessprache (1999).

Fiat Panda 1000 4x4; kleines Streifenfahrzeug für Verbindungsaufgaben (1991).

Fiat Uno 55; Streifenkraftwagen für allgemeine Aufgaben (1991).

Moto Guzzi 850 T 5; Standardmotorrad der Carabinieri (1993).

BMW R 850; neben den Moto Guzzi werden nun auch immer öfter BMW-Motorräder verwendet (1999).

Land Rover Defender; geländegängiger Streifenwagen der Carabinieri (1998).

Fiat Punto; Streifenwagen der Stadtpolizei Rom warten auf den Dienst (1999).

IVECO Turbo Daily 40-10 4x4; geländegängiger Mannschaftstransportwagen (1996).

Moto Guzzi 850 T 5; Motorräder der Verkehrspolizei in Südtirol (1991).

Fiat Punto; Streifenwagen in Südtirol (1997).

IVECO Daily 30-8; Mannschaftstransportfahrzeug (1996).

Alfa Romeo 155 Twin Spark; Standardstreifenwagen der Polizei (1998).

Alfa 75; ...die letzten Vorbereitungen zur Parade...

Fiat Marea; Streifenwagen, mit neuem Lichterbalken und Schriftzug (2000).

Ein Alfa Romeo 155 Twin Spark 1.8; Streifenwagen der Carabinieri in Bruneck/Brunico (2001).

Fiat Uno; Streifenwagen der Stadtpolizei von Florenz (1998).

Land Rover Discovery; Streifenwagen einer Dienststelle der Grenzpolizei (2000).

Alfa Romeo 155; Verkehrsdienst bei Nacht (1999).

Rover 400; Streifenwagen der Stadtpolizei Meran (1996).

IRL Irland

Hauptstadt:	**Dublin**
Fläche:	**70.282 km²**
Einwohner:	**3.550.000**
Staatsform:	**Parlamentarische Republik**
Sprache(n):	**Englisch, Gälisch**

An Garda Síochána

Das irische Polizeiwesen begann mit der unter britischer Hoheit stehenden Royal Irish Constabulary. Mit der Unabhängigkeit Irlands von Großbritannien 1922 wurde die Garda Síochána gegründet. Die Dubliner Stadtpolizei, die schon 1836 gegründet wurde, ist erst 1925 in die Garda aufgegangen. Die Garda hat ihr Hauptquartier seit ihrer Gründung im Phoenix Park in Dublin. Dieser Gebäudekomplex wurde schon ab 1839 von der damaligen Constabulary genutzt. Von ihrer Gründung bis zu den 60er-Jahren änderte sich nur wenig in Bezug auf die Polizeiarbeit der Garda. Die gesellschaftlichen Veränderungen und die zunehmenden Aktivitäten diverser Gruppierungen in Ulster, die auch Auswirkungen auf Irland hatten, führten zwangsläufig zu einer Änderung der Polizeiarbeit. Trotz der geänderten Umstände ist die Garda – bis auf die Kriminalbeamten – eine unbewaffnete Polizei. Die Garda untersteht dem Justizminister und wird von einem Commissioner, der von der Regierung ernannt wird, kommandiert. Das Land ist in Polizeibezirke, sogenannte Divisions, eingeteilt, denen ein Chief Superintendent vorsteht. Die Divisionen, die zusammen die Dublin Metropolitan Area bilden, werden als eine Einheit von einem Assistant Commissioner befohlen. Jede Division ist in Districts aufgeteilt, die von einem Superintendenten geleitet werden. Innerhalb der districts gibt es dann noch in Folge die von einem Sergeant geleiteten sub-districts. In jedem dieser sub-districts gibt es zumindest eine Wache, deren Größe von einigen wenigen bis zu ein-

Opel Rekord LS; Standardstreifenwagen, noch im alten Farbschema lackiert (1990).

Ford Transit; für Sondereinsätze stehen diese Fahrzeuge mit Schutzgittern bereit (1999).

hundert Polizisten betragen kann. Wenn es die örtlichen Gegebenheiten verlangen, können auch noch sub-stations, die den sub-districts nachgeordnet sind, eingerichtet werden. Diese Wachen sind dann oft nur mit einem Mann besetzt und haben meist nur verwaltungspolizeiliche und Aufgaben des „community-policing" zu erfüllen. Die Districts haben auch verwaltungspolizeiliche Aufgaben, etwa Alkoholausschankgenehmigungen, Waffenscheinwesen und ähnliches. Daneben gibt es in den districts Verkehrsabteilungen und Kriminalbeamte. In Dublin gibt es noch ein Special Detective Unit, das auch für staatspolizeiliche Aufgaben und für den Personenschutz zuständig ist. Zu den weiteren Aufgaben dieser Einheit gehört auch die Ausstattung der uniformierten Garda-Angehörigen mit Schusswaffen, wenn es die Situation erfordert. An Spezialeinheiten stehen der Garda u.a. zur Verfügung: Drogenspezialisten, Bekämpfung der Organisierten Kriminalität, Tauchergruppe, Luftunterstützung (Hubschrauber und Flugzeug), SEK, Hundeführer, Betrugsbekämpfung, Wasserschutzpolizei und noch berittene Einheiten. Für die Aus- und Weiterbildung steht der Garda in Templemore seit 1964 ein eigenes College zur Verfügung. Die Ausbildung wurde stetig reformiert und dauert nun zwei Jahre, bevor der Gardai das College mit einem „National Diploma in Police Studies" verlassen kann.

Honda Pan European ST 1100; Standardmotorrad zur Fernstraßenüberwachung (2000).

Ford Mondeo 2.0 16V; Streifenwagen der Verkehrsabteilung für den Autobahndienst (2000).

Isuzu Trooper 3.0; Unfallaufnahme- und Sicherungsfahrzeug der Verkehrsabteilungen (2000).

Ford Mondeo 2.0 16V; Standardstreifenwagen zur Verkehrsüberwachung (2000).

Honda CBX 650; Standardmotorrad für allgemeine Streifentätigkeit (2000).

Rover 400; Standardstreifenwagen der einzelnen Wachen (2000).

Fiat Uno 1.1; Streifenwagen für die täglichen Routineaufgaben (2000).

Ford Escort; Diensthundetransporter (1998).

(L) Luxemburg

Hauptstadt:	**Luxemburg**
Fläche:	**2.586 km²**
Einwohner:	**441.300**
Staatsform:	**Großherzogtum**
Sprache:	**Deutsch, Französisch, Lëtzebuergesch (Luxemburgisch)**

Eines muss bei der Darstellung der Luxemburgischen Sicherheitskräfte vorweg genommen werden: Seit dem 1. Januar 2000 gibt es nur noch eine einzige Polizeiorganisation in Luxemburg, nämlich die Police Grand-Ducale. Sie ging aus der zusammen gelegten Police und Gendarmerie hervor. Da diese Reform noch nicht lange in Kraft ist, soll an dieser Stelle auch noch kurz auf die „alte" Polizei und die Gendarmerie eingegangen werden.

Gendarmerie Grand-Ducale

Die Anfänge des Gendarmeriewesens in Luxemburg sind von der ständig wechselnden Vorherrschaft im Lande gekennzeichnet. Die ersten Aufzeichnungen über eine Maréchaussée stammen von 1732, als Luxemburg unter österreichischer Vorherrschaft stand. Danach hatten die Franzosen und die Niederländer im Land das Sagen. Naturgemäß war auch das Sicherheitswesen von diesen Ländern beeinflusst. Nach der Unabhängigkeit des Großherzogtums 1839 wurde die „Königlich-Großherzögliche Maréchaussée" ins Leben gerufen. Nach wechselnden Unterstellungsverhältnissen wurde 1881 die Gendarmerie auf eine neue gesetzliche Grundlage gestellt und 1903 die Kriminalpolizei eingerichtet. Nach dem Zweiten Weltkrieg wurde die Gendarmerie umorganisiert. Das Gesetz von 1952 gab ihr dazu den notwendigen rechtlichen Rahmen. Die Gendarmerie war ein Polizeikorps mit Amtsbefugnis über das gesamte Land und unterstand dem für die öffentliche Macht zuständigen Regierungsmitglied in den Belangen Organisation, Personal, Bewaffnung und Ausrüstung. Die Handhabung der öffentlichen

Ford Sierra Cosworth; Autobahnstreifenwagen der ehemaligen Gendarmerie in den 90er-Jahren.

VW Transporter T4; Unfallaufnahme und Sicherungswagen der ehemaligen Gendarmerie (1997).

Ordnung und das Ausführen gerichtlicher Anordnungen regelte das Justizministerium. Die Gendarmerie war grundsätzlich in drei Bereichen tätig: Polizeibereich (allgemeine Sicherheits-, Kriminal- und Militärpolizei), Innere Verteidigung (jedoch ohne Kampfauftrag) und Beistand für andere staatliche Dienststellen. Die operativen Einheiten der Gendarmerie waren in Brigaden gegliedert, deren Größe sich natur gemäß nach der Beschaffenheit des Wirkungskreises richtete.

Police

Während die Gendarmerie ein staatliches Ausführungsorgan war, lag das Polizeiwesen immer auf der lokalen Ebene unter der Verantwortung des Bürgermeisters, wobei auf Grund der Gemeindegesetzgebungsreform von 1988 die Aufsicht des Bürgermeisters über die Police nicht mehr obligatorisch war. 1930 entstand das „Corps de la Police", was ein einheitliches Polizeiwesen bedeutete. 1952 wurde der Police ein militärischer Status zuerkannt, was de facto die Polizei gemeinsam mit der Armee und der Gendarmerie zur „Öffentlichen Macht" formte. In allen Gemeinden mit mehr als 5000 Einwohnern wurden dann Polizeikommissariate eingerichtet. Weitere Entwicklungsschritte waren 1980 die Kompetenzerweiterungen auf das ganze Land für präventive und administrative Belange und 1989 die gerichtliche Police. Die Unterstellungsverhältnisse waren bei der Police gleich wie bei der Gendarmerie: unter dem Minister für die öffentliche Macht und dem Justizminister. Das Land war in Polizeibezirke eingeteilt und innerhalb dieser waren die einzelnen Kommissariate angesiedelt. Während der Nachtstunden kam es oft zu einem Zusammenschluss einzelner Kommissariate eines Bezirkes, um die Einsatzeffektivität zu erhöhen (SRPS – Service Régional de Police Secours).

Police Grand-Ducale

Das Gesetz vom 31. Mai 1999 sah den Zusammenschluss von Polizei und Gendarmerie zur neuen, einheitlichen „Police Grand-Ducale" vor. Es wurde aus zwei Verwaltungen eine neue gemacht. Dass es dabei nicht ganz reibungslos abgeht, ist klar. Eine solche Re-

Volvo V 70 AWD; Streifenkraftwagen zur Verkehrsüberwachung der ehemaligen Gendarmerie (1999).

form ist nicht etwa mit dem Auswechseln des „Firmenschilds", neuen Uniformen, neuen Fahrzeuglackierungen und einer neuen Organisationsstruktur ab einem bestimmten Datum abgeschlossen. Es wird sicher noch eine gewisse Zeit in Anspruch nehmen, bis die neue Police Grand-Ducale die Reformziele völlig umgesetzt hat. Die grundsätzlichen Ziele sind höhere Effizienz der Polizei und optimierte Ausbildung. Die Armee verlor durch die Reform ihr Rekrutierungsmonopol, da nun auch Zivilisten in den Polizeidienst dürfen. Die Ziele der Reform sind im Einzelnen der landesweite, permanente Einsatzdienst der Police, eine intensivere Prävention, mehr Bürgernähe sowie eine gewisse Dezentralisierung der Polizei. Die neue Organisation besteht aus der Polizeidirektion (direction générale), den zentralen Dienststellen (services centraux) wie Kriminalpolizei, Polizeischule, Flughafendienst, Verkehrsabteilung, den Spezialeinheiten und der Bereitschaftspolizei. Im operativen Polizeibereich ist das Großherzogtum nun in sechs Polizeibezirke (circonscriptions régionales) eingeteilt, wobei jeder Bezirk ein centre d'intervention principaux besitzt. Je nach Größe des Bezirks kann es dann noch ein bis zwei centres d'intervention secondaires geben. Durch den Zusammenschluss mit bestimmten commissariats de proximité ist ein permanenter Einsatzdienst flächendeckend sicher gestellt. Die commissariats de proximité sind mit Revierwachen vergleichbar, deren Hauptaufgabe in der Prävention und der Bürgernähe liegt. Die gegliederten Einsatzzentren helfen, das ständig präsente Personal effektiv unter Wahrung der öffentlichen Sicherheit einzusetzen.

Die Fahrzeuge der Autobahnpolizei fallen durch ihre orange abgesetzten Schweller besonders auf, so wie dieser Peugeot 406 3.0 24V (2002).

Auch in Luxemburg werden BMW-Motorräder, wie diese RT 1150 P, verwendet (2002).

VW Passat TDI; einer der letzten Zugänge im alten Anstrich für die ehemalige Gendarmerie (2000).

BMW K 100 & Audi 2.3 E; Standardausstattung der Verkehrsabteilungen der ehemaligen Polizei (1999).

Ford Sierra; Standardstreifenwagen der ehemaligen Polizei (1999).

BMW 525i; Streifenwagen der Police Grand-Ducale (2002).

Opel Astra; Diensthundetransporter der ehemaligen Polizei (1998).

VW Golf TDI; Streifenwagen bereits in der Markierung der neuen Police Grand-Ducale (2000).

Ford Mondeo. Alle Fahrzeuge wurden umlackiert, so auch dieser Streifenwagen (2000).

VW Transporter; Unfallaufnahme- und Sicherungsfahrzeug mit Stemlight (2000).

Volvo V 70 AWD; Streifenwagen der Autobahnpolizei (2000).

Suzuki Vitara; geländegängiger Streifenwagen (1999).

Volvo; Streifenwagen der Verkehrsabteilung zur Autobahnüberwachung (1999).

BMW K 100; Standardmotorrad der Verkehrsabteilung (1999).

Mercedes-Benz C 180; Standardstreifenwagen für den Revierdienst (1999).

VW Sharan; Streifenwagen, mit zwei Lichterbalken ausgerüstet (1999).

Mercedes-Benz 300 GD; Sonderwagen zur Sicherung des Amsterdamer Flughafens (1999).

Gruppenbild der verschiedensten Einsatzfahrzeuge der ehemaligen Rijkspolitie.

Suzuki Vitara; einige Polizeibezirke haben dunkelblaue Fahrzeuge gewählt (1999).

Aprilia Scooter; im innerstädtischen Bereich häufig eingesetzt (1999)

Mercedes-Benz C 180; das neue Streifendesign ist auch bei Dunkelheit gut sichtbar (1999).

Auch dieser Mercedes-Benz mit Sonderaufbau kommt bei polizeilichen Sonderlagen zum Einsatz (2002).

Für Sondereinsätze stehen der Polizei diese Sonderwagen von Mercedes-Benz zur Verfügung (2000).

(P) Portugal

Hauptstadt:	**Lissabon**
Fläche:	**92.072 km²**
Einwohner:	**9.900.000**
Staatsform:	**Parlamentarische Republik**
Sprache(n):	**Portugiesisch**

Portugal hat zwei Polizeiorganisationen: die Polícia de Segurança Pública PSP und die Guarda Nacional Republicana GNR, wobei Erstere mit einer herkömmlichen Polizei und Letztere mit einer Gendarmerie vergleichbar ist.

Polícia de Segurança Pública

Die PSP ist für die Sicherheit in den größeren Städten des Landes verantwortlich. Oberste Polizeibehörde ist der Innenminister. Die PSP verfügt über das gesamte polizeiliche Spektrum, wie uniformierte Beamte, einen Kriminaldienst und natürlich die üblichen Spezialeinheiten, wie zum Beispiel die SEKs, die Bereitschaftspolizei, Anti-Terror-Einheit, und die Personenschutztruppe. Darüber hinaus ist die PSP auch noch mit verwaltungspolizeilichen Aufgaben betraut, wie etwa dem Ausstellen von Waffenscheinen. Die PSP besteht aus einem Hauptquartier – Kommandobereiche Lissabon und Porto –, Regional- und Bezirkskommandos. Die Spezialeinheiten und die Polizeischule sind ebenfalls eigene Sektionen der PSP. Der Polizeichef wird vom Innenminister ernannt, er ist diesem für die Belange der PSP direkt verantwortlich. Dem Polizeichef nachgeordnet sind drei Unterabteilungen, nämlich die Abteilung für den operativen Dienst, die Personalabteilung und die Abteilung für technische Dienste, Versorgung und Budget. Die Städte Lissabon und Porto, sowie deren Hinterland sind jeweils in einem eigenen Kommandobereich organisiert. Daneben existieren so genannte Bezirkskomman-

Fiat Tempra; Streifenwagen der GNR für den Verkehrsdienst (1999).

Yamaha Bandit ; für Aufgaben abseits der Straßen werden diese Motorräder verwendet (1999).

Fiat Marea; Standardstreifenwagen der PSP (1999).

IVECO Turbo Daily 35-8; Abschleppfahrzeug der GNR (2002).

Nissan Almera; Streifenwagen für den Verkehrsdienst (2002).

Dieser Land Rover Defender wird von der Polizei in Madeira verwendet (2002).

BMW R 80 GS; für Einsätze abseits der Straßen verwendet (1999).

Fiat Ducato 2.5 D; die GNR unterhält eigene Krankenwagen (1999).

BMW R 80 RT; Standardmotorrad für den Verkehrsdienst (1999).

Nissan Patrol; dieser Streifenwagen hat noch das alte Design (1999).

IVECO Carrier; Mannschaftstransportomnibus (1999).

IVECO; geländegängiger Mannschaftstransportwagen (1999).

Bravia; Sonderwagen auf der Basis eines Land Rover-Fahrgestells (1999).

(S) Schweden

Hauptstadt:	**Stockholm**
Fläche:	**449.964 km²**
Einwohner:	**8.800.000**
Staatsform:	**Konstitutionelle Monarchie**
Sprache(n):	**Schwedisch**

Die Anfänge des modernen schwedischen Polizeiwesens gehen auf das Jahr 1850 zurück, als in Stockholm die erste hauptberufliche Polizeitruppe des Landes ihren Dienst aufnahm. Nach deren Vorbild wurden in vielen anderen Städten Schwedens ebenfalls derartige Korps gegründet. In der Provinz waren Landespolizeikommissariate und Landjäger für die Wahrung von Ordnung und Sicherheit verantwortlich. Die heutige schwedische Polizei, die Rikspolis, wurde in ihrer heutigen Form 1965 durch den Zusammenschluss der einzelnen lokalen Polizeien geschaffen. Manche dieser Gemeindepolizeien hatten oft nur einen Personalstand von weniger als zehn Mann. Diese Flut einzelner Polizeiorganisationen musste zwangsläufig zentralisiert werden. Das Ergebnis war die neue, landesweite Polizei. Die Polizeibezirke wurden von mehr als fünfhundert auf gut hundert beschränkt. Die Polizei untersteht dem Justizminister. Diesem ist das Reichspolizeiamt, die oberste Polizeibehörde, unmittelbar nachgeordnet. Daneben gibt es noch das staatliche kriminaltechnische Labor, welches allen Dienststellen zur Verfügung steht. Weitere Bereiche sind Referate für Personal, Ausbildung, Technik, Finanzen und Polizeimethoden. Dem Reichspolizeiamt sind zudem die Kriminalpolizei und der Sicherheitsdienst (eine Art von Staatspolizei) unterstellt. Zur Zeit gibt es in Schweden einundzwanzig Polizeibezirke, die der Verwaltungsgliederung des Landes in Provinzen entsprechen. Jeder dieser Polizeibezirke hat einen Bezirkspolizeichef, der den Provinzverwaltungen berichtspflichtig ist. Die Polizeibezirke werden dann noch in

Volvo 240; Streifenwagen mit dem Anfang der 90er-Jahre verwendeten „Eishockey-Design" (1992).

Volvo 740; Standardstreifenwagen, jedoch noch mit Blaulichtern (1999).

einzelne, lokale Unterbehörden aufgeteilt. Die Organisation innerhalb der einzelnen Polizeibezirke ist grundsätzlich gleich, kann aber bedingt durch die unterschiedlichen Anforderungen leicht voneinander abweichen. In jedem Polizeibezirk gibt es neben der allgemeinen Sicherheitspolizei eine Kriminalabteilung und diverse Sondereinheiten wie SEK (Piketen), Diensthunde, Verkehrsabteilungen und Referate, die mit verwaltungspolizeilichen Aufgaben betraut sind. Bei der Stockholmer Polizei werden auch spezielle Einsatzkräfte zur Terrorbekämpfung bereitgehalten. Bedingt durch die Topografie des Landes verfügt die Rikspolis auch noch über einer größere Zahl von Hubschraubern, um auch die dünner besiedelten Landesteile entsprechend betreuen zu können.

VW Transporter Syncro; dieses Fahrzeug gehört zum Stockholmer Bombenräumkommando (1999).

Ford Tristar; Gerätewagen der Stockholmer Piketen (1999).

Saab 9000; neben Volvo ist Saab, der zweite schwedische Autohersteller, ein Lieferant von Streifenwagen (1999).

Audi A6; dieses Fahrzeug wird ebenfalls als Streifenwagen verwendet (1999).

Volvo 940; Fahrzeug des Stockholmer SEK „Piketen" (1999).

VW Transporter T 4; Mannschaftstransporter mit beachtenswerter Anzahl von Straßenräumern (1999).

VW Passat; Streifenwagen in Standardausführung (1999).

Ford Tristar; Tatort- und Spurensicherungswagen (1999).

Dieser Toyota Land Cruiser wird als Diensthundetransporter in Örebro verwendet (2002).

Mercedes-Benz Sprinter; Verkehrsunfallaufnahmefahrzeug der Polizei in Skåne (2002).

Scania 144 L 530; diese Fahrzeug dient der Stockholmer Polizei als mobile Informationsstelle vor allem bei Großveranstaltungen (2002).

BMW K 1100; Standardmotorrad der Polizei (1999).

BMW R 850; diese Motorräder gehören zur Neuausstattung der Polizei (1999).

Nicht nur Streifenwagen...

Zur Erfüllung ihrer Aufgaben ist die Polizei heute nicht nur mit Standard- und Sonderfahrzeugen, sondern auch mit einer großen Zahl an Flugzeugen, Hubschraubern und Booten ausgestattet. Je nach geografischen Gegebenheiten und Zuständigkeiten sind die Ausstattungen natürlich unterschiedlich und die nachfolgenden Fotos stellen nur einen kleinen Querschnitt dieser Gattung von Polizeifahrzeugen dar.

Agusta A 109; Hubschrauber der italienischen Carabinieri (1991).

Cessna 182; Flugzeug des österreichischen Innenministeriums für Polizei- und Gendarmerieaufgaben (2001).

Agusta Bell AB 206 Jet Ranger; Hubschrauber des österreichischen Innenministeriums (1994).

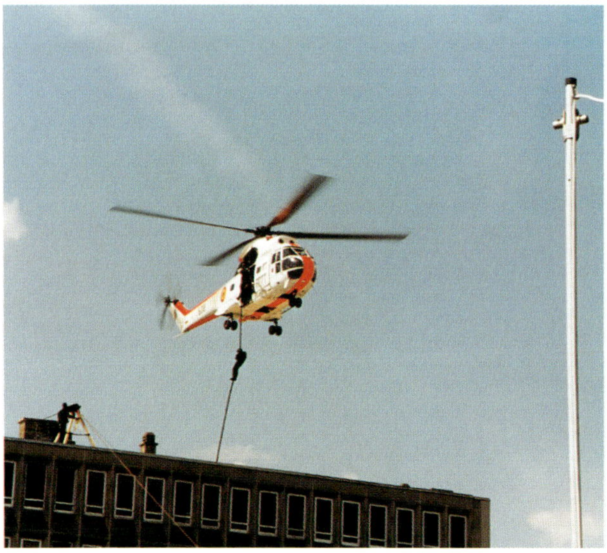

S.A. 330 Puma; Hubschrauber der belgischen Gendarmerie (1992).

Ecureuil AS 355; Hubschrauber der Polizei von Nottinghamshire (1999).

EC 135, Hubschrauber der Polizei in Mecklenburg-Vorpommern (1999).

Ecureuil AS 355; Helikopter der irischen Polizei (1999).

MD Explorer; Polizeihelikopter der Luxemburger Polizei (2000).

BO 105; Hubschrauber der niederländischen Polizei (1999).

Renault Master; Fahrzeug eines französischen Bombenräumkommandos (1991).

RM 35; ferngesteuertes Untersuchungsgerät für verdächtige Gegenstände (2000).

Ein Gruppe von Patrouillenbooten der italienischen Carabinieri in voller Fahrt (1991).

Patrouillenboot der österreichischen Gendarmerie für den Einsatz auf der Donau (1999).

Boot der hessischen Wasserschutzpolizei auf dem Main in Frankfurt (1999)

Dieses niederländische Polizeiboot ist mit voller Fahrt vor der Küste unterwegs (1999).

Blick über die Grenzen der EU hinaus:

Die EU besteht zurzeit aus 15 Mitgliedsstaaten. In zehn Jahren wird sie ihr Aussehen erheblich verändert haben. Viele ostmittel- und nordosteuropäische Länder drängen nach Europa – und somit in die EU. Der Abschluss dieses Buchs ist daher ein Blick über die Grenzen der EU, um in einem kleinen Bilderbogen einige Fahrzeuge der zukünftigen Mitgliedsländer vorzustellen.

BMW 318i; Streifenwagen der slowenischen Polizei (1999).

Skoda Felicia; Streifenwagen der Stadtpolizei von Benesov (Tschechien) (2000).

Opel Omega II; Streifenwagen der schweizerischen Kantonspolizei Uri (1999).

Skoda Felicia; Streifenwagen der Polizei in Tschechien (2000).

Ikarus Z350; Großraumomnibus der ungarischen Polizei zum Mannschaftstransport (1994).

FSO Polonez 1.6 GSI; dieser Streifenwagentyp wird in Polen noch immer gerne verwendet (1999).

Volvo 850; Streifenwagen der norwegischen Polizei (1999).

Mercedes-Benz 190 E; Streifenwagen der tschechischen Polizei (2002).

Renault Master; Mannschaftstransportfahrzeug der Prager Stadtpolizei (2002).

Dieser VW Golf III gehört zur Polizei in der Slowakei (1996).

Alfa Romeo Streifenwagen der maltesischen Polizei auf der Insel Gozo (2001).

Not macht erfinderisch: dieser ehemalige, offene Armeeschützenpanzer wurde mit einfachen Mitteln zu einem Sonderfahrzeug umgebaut!

Opel Vectra; Streifenwagen der Polizei in Estland (1999).

Ford Escort; Streifenwagen der kroatischen Polizei (1999).

Danke!

Danke! Dieses Wort kann nicht oft genug gesagt werden. Ohne die tatkräftige Mithilfe vieler Personen und Organisationen hätte dieses Werk nie entstehen können. Alleine die Beschaffung der Fahrzeugfotos wurde durch die Unterstützung von einigen Sammlern sehr erleichtert. Natürlich gebührt auch den Polizeibehörden in den EU-Staaten besonderer Dank, denn sie hatten für mein Anliegen ein offenes Ohr und stellten mir gern das notwendige Material zur Verfügung. Bei manchen Behörden rief die Idee, ein Buch über die Polizeifahrzeuge der EU zu schreiben, zuerst Erstaunen hervor, schließlich siegte aber jedes Mal der europäische Gedanke und die notwendigen Informationen wurden dann doch geliefert. Neben den Verantwortlichen in den Presse- und Informationsstellen gilt mein Dank natürlich auch noch den vielen Polizeibeamten, die erst das Fotografieren der Fahrzeuge ermöglichten: Neben vielen, von offiziellen Stellen angefertigten Fotos, sind natürlich Aufnahmen enthalten, die ganz einfach im normalen Dienstbetrieb entstanden sind. Daher sind diese Fahrzeuge auch nicht extra in Szene gesetzt, sondern zeigen den Alltag. Es waren zum Schluss so viele Fotos vorhanden, dass die hier gezeigten Bilder wirklich nur einen kleinen Teil der in der EU verwendeten Einsatzfahrzeuge zeigen können. Für eine komplette Fotoliste wäre wohl ein mehrbändiges Werk notwendig gewesen!

Folgende Personen haben Aufnahmen zur Verfügung gestellt:

Aldo
Luxemburg
Manuel Aroca
Benidorm, Spanien
Christian Bidinger
Garching-Hochbrück, Deutschland
Axel Bloklander
Haaglanden, Niederlande
Sven Damelang
Berlin, Deutschland
Camille Diener
Luxemburg
Peter Eggebrecht
Berlin, Deutschland
Christoph Gottung
Mainz, Deutschland
Gerhard Hössl
Wien, Österreich
Martin Jörns
Hamburg, Deutschland
Benno Knorr
Roschberg, Deutschland
Manfred Mayer
Wien, Österreich
Gerry McGrath
Dublin, Irland
Harro L. Meijnen
's-Gravenhage, Niederlande
Ralf Niendorf
Berlin, Deutschland
Kent Odenrud
Stockholm, Schweden
Wolfgang Scheck
Grassau, Deutschland
Achim Schmidt
Hofheim/Ts., Deutschland
Rainer Zech
Nürnberg, Deutschland

Folgende Stellen haben Informationen und (oder) Aufnahmen zur Verfügung gestellt:

APD Stuttgart (Herr Ralf Beck)
Stuttgart, Deutschland
Avon and Somerset Constabulary
Bristol, Großbritannien
City of London Police
London, Großbritannien
Cleveland Police
Middlesbrough, Großbritannien
Commando Generale dell'Arma di Carabinieri
Rom, Italien
Corpo della Polizia Municipale
Rom, Italien
Cuerpo Nacional de Policía
Madrid, Spanien
Devon & Cornwall Constabulary
Exeter, Großbritannien
Essex Police
Chelmsford, Großbritannien
Garda Síochána
Dublin, Irland
Gendarmerie – Rijkswacht
Brüssel, Belgien
Gendarmerie Grand-Ducale
Luxemburg
Gendarmerie Nationale
Paris, Frankreich
Gloucestershire Constabulary
Cheltenham, Großbritannien
GNR – Guarda Nacional Republicana
Lissabon, Portugal
Guardia Civil
Madrid, Spanien
Lancashire Constabulary
Preston, Großbritannien
Metropolitan Police
London, Großbritannien
Ministère de l'Interieur
Paris, Frankreich
Ministerie van Binnenlandse Zaken
Den Haag, Niederlande
Ministerio dell'Interno
Rom, Italien
Ministerium für öffentliche Sicherheit
Athen, Griechenland
MOWAG Motorwagenfabrik AG
Kreuzlingen, Schweiz
North Wales Police – Heddlu gogledd Cymru
Conwy, Großbritannien
Nottinghamshire Constabulary
Nottingham, Großbritannien
Police Grand-Ducale
Luxemburg
Polis Historiska Museet
Stockholm, Schweden
Powys Police – Heddlu Dyfed
Carmarthen, Großbritannien
Prefecture de Police
Paris, Frankreich
PSP – Polícia de Segurança Pública
Lissabon, Portugal
Rigspolitichefen
Kopenhagen, Dänemark
Rikspolisstyrelsen
Stockholm, Schweden
Royal Parks Constabulary
Surrey, Großbritannien
Royal Ulster Constabulary
Belfast, Nordirland
Sisäasiainministeriö Poliisiosasto
Helsinki, Finnland
South Wales Police – Heddlu De Cymru
Bridgend, Großbritannien
Stadtpolizei Baden
Niederösterreich, Österreich
Stadtpolizei Feldkirch
Vorarlberg, Österreich
Stadtpolizei Hohenems
Vorarlberg, Österreich
Stadtpolizei Imst
Tirol, Österreich
Stadtpolizei Kufstein
Tirol, Österreich
Ständige Vertretung der Europäischen Kommission in Österreich
Wien, Österreich
Suffolk Constabulary
Ipswich, Großbritannien
Surrey Police
Guildford, Großbritannien
Tayside Police
Dundee, Großbritannien

VPD Schleswig-Holstein (Herr Werner Jaudt)
Neumünster, Deutschland

Anmerkung: Die Zahlen in Klammern bei den Bildbeschreibungen weisen auf das Entstehungsjahr des Fotos hin.

Bücher

Das Große Buch der Polizei & Gendarmerie in Österreich
Friedrich Jäger, H. Weishaupt Verlag, Graz, 1990

Das Gendarmerieeinsatzkommando
Gendarmerieeinsatzkommando (Hrsg.), Leiro Druck und Verlagsges.m.b.H., Wien, 1997

Das Große Buch der Polizei
Hans Erpf (Hrsg.), Verlag Stämpfli & Motorbuch Verlag, Bern und Stuttgart, 1976

Die Gendarmerie in und um Wien
Franz Hesztera, Aumayer Verlag, Mattighofen, 1999

Europa Recht
Beck-Texte im dtv, 16. Auflage, München, 2000

Police of the World
Roy D. Ingleton, Charles Scribner's Sons, N.Y., 1979

Polizeifahrzeuge gestern und heute
Klaus-Fr. Dönecke & Dirk Lemcke, VDP-Verlag Deutsche Polizeiliteratur GmbH, Hilden, 1989

Polizeifahrzeuge in Deutschland von 1945 bis heute
Achim Schmidt, Podszun-Verlag, Brilon, 1998

Sechzig Jahre Wiener Sicherheitswache 1869-1929
BPD Wien (Hrsg.), 1929

Spezialeinheiten der österreichischen Polizei und Gendarmerie
Wolfdieter Hufnagl, Motorbuch Verlag, 1999

Wir entdecken die Polizei
Jean Leesch & Steve Heiliger, Editions St. Paul, Luxemburg, 1984

Zwischen Gefahr und Berufung, Gendarmerie in Österreich
Fritz Hörmann & Gerald Hesztera, Museumsverein Werfen & BMI, Gendarmeriezentralkommando (Hrsg.), 1999

Sowie zahlreiche weitere Quellen, wie Informationshefte, Broschüren, Infofolder und Mitteilungsblätter der verschiedenen Polizeibehörden.

Die Nennung aller, die zum Gelingen dieses Buches beigetragen haben, erfolgte nach bestem Wissen und Gewissen. Sollte ich doch jemand vergessen haben, so geschah dies auf keinen Fall mit Absicht und ich möchte mich gleich an dieser Stelle dafür entschuldigen.